AF366493

LES

PLANTES SUSPECTES

DE LA FRANCE

LES

PLANTES SUSPECTES

DE LA FRANCE

PAR

LE DOCTEUR J. P. DES VAULX

auteur des Remèdes sous la main

LIBRAIRIE DE L. LEFORT

IMPRIMEUR, ÉDITEUR

LILLE | **PARIS**

rue Charles de Muyssart | rue des Saints-Pères, 30

PRÈS L'ÉGLISE N.-DAME | J. MOLLIE, LIBRAIRE-GÉRANT

Tous droits réservés.

1865

Quand j'étais enfant, il y avait dans mon village un ancien médecin major en retraite qu'on appelait M. Durand. C'était un homme fort original. Il portait de longues moustaches grises qui lui venaient jusqu'aux oreilles. Son costume se composait invariablement d'une redingote longue et boutonnée comme une capote, d'un pantalon large et d'un chapeau plus large encore. En voyant sa figure sévère, son attitude droite inflexible, et les rubans des divers ordres qui décoraient sa boutonnière, il eût été difficile de ne pas reconnaître en lui un officier endurci dès l'enfance à la vie dure des camps et au joug austère de la discipline; mais lorsque par hasard ce visage rébarbatif ouvrait la bouche pour parler, on était tout surpris de l'entendre vous dire d'une voix fulminante des choses pleines de douceur et d'aménité. Les paysans des environs aimaient beaucoup ce singulier vieillard. Ils avaient une confiance entière en sa science, et lui savaient gré de ne jamais se faire prier la nuit pour aller, par la pluie comme par la neige, visiter les plus pauvres moribonds : quant à nous les gamins de l'endroit, nous ne pouvions passer devant lui sans nous sentir émus d'un tremblement involontaire, et c'était bien moins l'admiration que la crainte qui nous faisait porter la main à nos casquettes en sa présence.

C'était un homme infatigable. Son corps de fer semblait aussi inaccessible à la maladie que son esprit aux émotions de la mollesse. Dès la pointe du jour, souvent pendant la nuit, il se mettait en route, emportant son déjeuner dans sa gibecière comme un chasseur, et sans tenir compte de la distance, de la difficulté des chemins, des rigueurs de la saison, jamais il ne rentrait sans avoir achevé la tournée de ses malades. Quand on apercevait devant sa porte sa longue silhouette mêlée à l'ombre des arbres avant le coucher du soleil, c'est que l'état sanitaire du pays était satisfaisant ; mais s'il venait à passer quelque épidémie, ou si les maladies augmentaient, ce n'était souvent que longtemps après minuit qu'on entendait résonner sur le pavé sonore le trot fatigué de sa vieille monture au retour de ses expéditions.

Que de fois, à l'heure où nous sortions de l'école, ne l'ai-je point vu passer, en compagnie du curé du village, se dirigeant vers quelque hameau isolé où sans doute un moribond réclamait leur présence. Ils allaient, le médecin du corps et le médecin de l'âme, côte à côte, presque sans parler, l'un au pas de sa jument maigre, l'autre au trot de sa petite ânesse : le premier lisant d'un œil avide sa gazette de médecine qu'il n'avait pas eu le temps de parcourir après son repas ; le second, d'une voix douce et d'un visage calme, récitant à Dieu son bréviaire ou son chapelet. Quand ils arrivaient auprès d'un mourant, le médecin, sans mot dire, s'asseyait sur une chaise auprès du lit, et comme un juge qui écoute à loisir la partie plaignante avant de prononcer son jugement, il considérait longtemps avec l'attention du génie la lutte de la vie contre la douleur. Pendant ce temps, le pasteur consolait l'âme du chrétien et la préparait au grand voyage de l'éternité. L'œuvre du prêtre achevée, le docteur prenait la parole. D'une voix brève il faisait son ordonnance, pesant ses mots et s'écoutant parler comme un homme qui n'a pas de temps à perdre; et aussitôt, enfourchant de nouveau son cheval, il reprenait sa route. Souvent il était sorti sans saluer; mais si la famille du patient était pauvre et dénuée de secours, il n'était pas rare de trouver sur la table, après son départ, la pièce d'argent nécessaire pour payer les drogues de l'apothicaire ou les fournitures du boucher et de l'épicier.

La maison du docteur était située au coin de la place principale du village. On ne pouvait pas dire que ce fût une riche demeure, quoique tout y respirât l'ordre et la propreté. Elle était bâtie entre cour et jardin, et munie de toutes les servitudes qui, à la campagne, constituent le bien-être; mais l'ameublement en était aussi sévère que célui d'un couvent, et on n'y rencontrait rien du luxe exagéré des habitations bourgeoises ordinaires. Tout le domestique de cette austère maison se composait d'une vieille servante infirme; et quand cette digne personne avait dépensé sa journée à la cuisine, au jardin, à l'écurie et à la basse-cour, il restait encore tant de choses à faire, que sous peine de voir l'ouvrage inachevé, ce qui eût été inoui dans une maison si bien réglée, Mme Durand, l'épouse dévouée du docteur, était obligée d'y mettre les mains de la façon la plus active.

Au reste, comment Mme Durand aurait-elle pu vivre si elle ne s'était point occupée de son ménage ? elle n'avait point d'enfants, et elle n'était ni coquette, ni bavarde, ni paresseuse. C'était une grosse petite maman de quarante-cinq ans à peu près, un peu courte, un peu rebondie, et dont le caractère souple et la voix mielleuse faisaient avec le caractère et la voix de son mari le même contraste que les formes anguleuses de l'un avec les formes arrondies de l'autre.

Mme Durand était la bienveillance en personne, la charité incarnée. Elle ne comprenait pas que la femme d'un médecin pût employer ses loisirs à autre chose qu'à préparer des drogues pour les pauvres et à donner clandestinement des consultations gratuites aux bonnes femmes honteuses qui n'osaient s'adresser à son mari. A quatre ou cinq lieues à la ronde, M. Durand n'avait point de concurrent plus redoutable que Mme Durand; elle lui volait au moins un tiers de sa clientèle ; sur quoi le vieux docteur faisait semblant de fermer les yeux, se contentant de se plaindre deux ou trois fois l'an, pour l'acquit de sa conscience, du grand nombre de gens qui se livrent à l'exercice illégal de la médecine, au mépris du code et des intérêts professionnels.

Au fait, il doit être impossible de faire des sirops plus délicieux, des confitures plus fines, des sucres d'orge plus délicats, des potions plus appétissantes que les sirops, les confitures, les sucres d'orge et les juleps qui se fabriquaient dans le laboratoire secret de Mme Durand pendant les longues absences du docteur. La modestie de l'excellente dame n'avait pu empêcher sa réputation de s'étendre au loin, surtout parmi la gent écolière, et nous étions dans le village cinq ou six marmots parfaitement au courant des

jours et des heures où elle allumait ses four-
neaux clandestins.

Ces jours-là, et c'était presque toujours les
jeudis, tant le hasard présente de complicités
étranges, les affidés de la petite bande gour-
mande se glissaient sous les prétextes les plus
fallacieux dans la cuisine de maman Durand.
C'étaient Georges, aujourd'hui maire et député ;
Hélène, qui depuis a épousé un général ; le
petit Maxime, qui est devenu un savant ;
Louise, sa sœur, un ange de beauté, qui est
morte au couvent sous l'habit de sœur grise ;
Gédéon, un diable qui s'est fait abbé et qui
est aujourd'hui notre recteur ; enfin moi, écolier
paresseux alors, aujourd'hui successeur du digne
M. Durand, et qui ai puisé dès ce temps, dans
les exemples de cet homme accompli, l'amour
de l'art divin qui fait le bonheur de ma vie.

En nous voyant accourir l'un après l'autre comme des mouches à l'odeur du miel, et nous ranger autour d'elle avec des airs câlins, la bonne dame souriait doucement :

« Mes petits, nous disait-elle, vous voulez voir, n'est-ce pas, comment on prépare les onguents pour traiter les plaies, et comment on reconnaît et on conserve les herbes bienfaisantes à l'aide desquelles on peut guérir les maladies internes les plus cruelles : c'est bien gentil à vous ; je reconnais là votre bon cœur, et je me ferai un plaisir de vous montrer ce que je sais, afin que vous puissiez vous en souvenir et vous en servir au besoin pour le soulagement du pauvre monde. Les médecins n'ont pas le temps de voir tous les malades, et ils sont obligés de se faire payer cher pour vivre de leur état ; il est nécessaire que chacun de vous sache un peu de médecine , comme chaque homme apprend un peu de législation , et chaque femme un peu de couture et de cuisine , sans que cela fasse tort aux avocats , aux couturières et aux cuisinières de profession. »

Après ce petit discours, Mme Durand ouvrait la porte de son laboratoire en nous recommandant de ne toucher à rien ; et devant nous elle fabriquait ses précieux remèdes, en nous expliquant très au long de quoi ils étaient composés, quelle quantité de chaque substance il fallait y mettre, quelles précautions il fallait prendre en les préparant, et dans quelles circonstances on pouvait sans danger les employer au traitement des maladies. Si nous avions bien écouté, bien retenu, nous pouvions être certains de ne pas sortir les mains vides, et il se trouvait dans ses armoires les choses les plus appétissantes pour nous encourager à revenir.

D'autres fois, quand le temps était beau, les choses se passaient différemment. Son bonheur était de remplir de provisions d'énormes paniers. Nous en prenions chacun un, et nous sortions ensemble dans la campagne. Il y avait toujours, sur les routes que nous prenions, quelque pauvre famille à secourir ou quelque malade impotent à soigner. Mme Durand nous faisait entrer partout avec elle. Elle avait à cœur de nous familiariser avec l'aspect des infirmités humaines, afin de nous rendre compatissants, de nous apprendre à reconnaître les maladies en nous mettant à même de les soulager.

Il va sans dire que, chemin faisant, nos paniers se vidaient. On laissait ici un bouillon, là une bouteille de vin, ailleurs un peu de sucre, ou bien des confitures; plus loin du linge, de la charpie, des onguents, ou de petits paquets de plantes médicinales ramassées dans les champs chacune en leur saison. Mais jamais la distribution n'était si complète qu'il ne restât encore au fond de quelque corbeille un bon petit goûter bien succulent, que la chère dame nous distribuait à notre tour, au bord de quelque fontaine, à l'ombre des grands arbres, pour nous récompenser, disait-elle, du bien que nous lui avions aidé à faire, et des paquets d'herbes précieuses que nous avions ramassées, chemin faisant, sous sa direction, pendant qu'elle nous en expliquait les caractères et les vertus.

Un soir que nous étions assis auprès de notre bonne maîtresse à écouter ses leçons, pendant que le soleil se couchait à l'horizon et que les petits oiseaux rentraient en chantant dans les bois, nous aperçûmes une petite fille qui sortait en courant d'une châtaigneraie en emportant son tablier plein de provisions. C'était la fille d'un pauvre maçon qui avait souvent travaillé pour le docteur. Elle passa près de nous et salua Mme Durand.

« Que portes-tu là, ma petite ? lui demanda celle-ci.

— Des champignons, madame, répondit l'enfant. Mon père les aime beaucoup, et j'en ai trouvé une pleine *donnée*. Regardez plutôt. En voulez-vous ? »

Mme Durand examina d'un coup d'œil le butin de la petite fille.

« Ces champignons ne valent rien, mon

enfant, lui dit-elle ; il faut les jeter. En voilà cinq ou six qui sont de la pire espèce ; les autres sont au moins suspects. Ta récolte ne peut que rendre malades ceux qui en mangeront.

— Ah ! madame, s'écria la petite, mon père les connaît bien ; c'est lui-même qui les fait cuire chez nous ; il a un secret pour savoir ceux qui sont empoisonnés : jamais il ne se trompe.

— Il se tromperait s'il mangeait ceux-ci, dit gravement Mme Durand. Dis-le lui de ma part.

— Je le lui dirai, madame. »

La petite fille s'éloigna. Fit-elle ou ne fit-elle pas la commission de Mme Durand, je l'ignore : ce qui est certain, c'est qu'au milieu de la nuit on vint réveiller le docteur pour aller porter secours chez le maçon. Toute la famille était empoisonnée. Les remèdes du vieux praticien, administrés à temps, parvinrent à sauver la mère et la petite fille qui n'avaient fait que goûter au plat de champignons; mais le mari, qui en avait mangé outre mesure et qui n'avait voulu recourir au docteur qu'à la dernière extrémité, mourut malgré tous les soins qu'on put lui prodiguer.

Cet événement jeta la consternation dans le village. Dès le lendemain, Mme Durand nous fit tous appeler pour nous faire part d'un projet que nous acceptâmes avec enthousiasme, et qui fut exécuté, comme on va lire.

LES

PLANTES SUSPECTES

DE LA FRANCE

PREMIER ENTRETIEN

Les champignons : bolet pernicieux, bolet marbré, bolet chrysentère; agaric styptique, agaric rouge, agaric poivré, agaric caustique, agaric meurtrier, etc.; fausse oronge ; amanite verruqueux, etc.; lycoperdon.

« Mes enfants, nous dit Mme Durand quand nous fûmes tous réunis autour d'elle, vous avez été affectés comme moi du terrible accident dont s'entretient tout le village. Vous avez vu passer le cortége funèbre qui conduisait au cimetière ce pauvre homme qui a succombé hier malgré tous les soins de la médecine, après avoir mangé, sans les connaître, des champignons que sa petite fille avait apportés de la forêt. Pour éviter à chacun de nous et à . vos familles de pareilles calamités, il m'est venu le dessein de consacrer quelques-unes de nos soirées à étudier ensemble *les plantes vénéneuses*. C'est une entreprise bien hardie pour une vieille femme comme moi ; mais quand nous serons embarrassés, le docteur nous viendra en aide ; votre vive intelligence suppléera de son côté aux lacunes de mon discours, et le bon Dieu fera le reste.

Quoique le Créateur n'ait rien fait d'inutile sur la terre, on ne peut soutenir que les plantes répandues sur la surface du globe soient également inoffensives pour toutes les espèces d'animaux. Plusieurs qui sont bonnes pour les uns, ne valent rien pour les autres. Le porc mange sans en être incommodé la jusquiame qui fait mourir le mouton ; le phellandrium est funeste au cheval et ne nuit point aux brebis ; le laurier-rose fait périr les chèvres, mais elles broutent impunément la ciguë dont l'usage est pernicieux pour les autres animaux ; la laitue, qui est mortelle pour le lapin, est inoffensive pour le cheval et le bœuf. Cette remarque, bien entendu, n'attaque en rien les perfections admirables de l'œuvre de Dieu. On pourrait même trouver une pensée providentielle dans cette distribution : Dieu, ayant voulu que les plantes innombrables sorties de ses mains fussent également consommées, a donné aux diverses espèces animales une répulsion pour les unes, un goût prononcé pour les autres, et attaché à un certain nombre des propriétés complétement nuisibles, afin de retenir chaque espèce dans les limites tracées par lui.

Quoi qu'il en soit, l'homme est de tous les animaux

celui qui trouve dans la nature le plus de végétaux contraires à sa santé. Tout le monde frémit d'effroi au seul nom de poison qui rappelle l'idée d'une mort violente et des tourments qui la précèdent. Cependant nous sommes environnés de toutes parts de substances malfaisantes : on en trouve dans les bois, dans les champs et même dans les jardins à côté des plantes alimentaires. Comme les méchants, ces plantes funestes cachent souvent leurs défauts sous un feuillage gracieux, sous une fleur aux couleurs séduisantes ; il faut être prévenu pour les éviter; et bien les connaître pour se garder d'elles, comme un enfant sage fuit les mauvaises compagnies.

De toutes les causes d'empoisonnement accidentel que les journaux racontent chaque jour, il n'en est pas de plus fréquente que l'usage inconsidéré des champignons.

Ces plantes, en effet, fournissent un manger délicieux ; elles sont répandues partout, et à côté des espèces qui portent la mort avec elles, il en est un certain nombre qui sont tout à fait inoffensives : le difficile est de les distinguer.

Les naturalistes comptent trois mille espèces de champignons ; il ne doit naturellement être question ici que de ceux qu'on rencontre journellement dans les bois et dont l'aspect peut tenter la gourmandise ; ce sont :

I. LES BOLETS, qu'on nomme généralement *ceps*, *girolles*, *porchins*. Ils ont pour caractère commun la forme d'un chapeau monté sur un pied, et sont garnis en-dessous d'une foule de petits tubes, désignés sous le nom de *foin*, dans lesquels sont renfermées les semences. Ces tubes sont faciles à séparer du chapeau. On ne les mange dans aucun cas.

Le *bolet du mélèze (boletus laricis)*, qui croît sur les arbres de ce nom présente la forme d'un pied de cheval, de couleur brunâtre, avec des zones horizontales ; il est quelquefois employé en médecine, mais jamais on ne le mange. — Il en est de même du *bolet odorant (boletus suave olens)*, remarquable par sa blancheur et par son odeur suave. Cette espèce se rencontre sur les troncs des vieux saules. Les médecins l'ont employé dans la phthisie : c'est un poison actif. — Le *bolet orangé* (*boletus auranciacus*) qui se montre sur la lisière des bois avec un chapeau large, épais, d'une couleur de brique, avec des tubes blanchâtres et un pied moucheté de jaune sale et de noir, doit être rejeté comme suspect. — Le *bolet à tubes rouges* (*boletus rubeolarius*), dont le chapeau très-convexe est roux, le pied jaune clair, le foin très-rouge comme du sang, et la chair verdâtre quand on l'expose à l'air, est un poison violent dont il faut se garder. — Il en est de même du *bolet à tubes jaunes* (*boletus chrysenteron*), dont le chapeau est ordinairement très-voûté, d'un brun foncé, le foin, le pédicule et la pulpe d'un jaune d'or. La chair noircit promptement par le contact de l'air. Il est à remarquer que ce changement de couleur annonce presque toujours dans les champignons des propriétés suspectes.

Le *bolet comestible* (*boletus edulis*) est cet excellent champignon qui croît en si grande abondance dans les bois de châtaigniers du Limousin. On le rencontre dans tout le Midi. Sa fécondité est telle qu'une nuit suffit à son développement. On le mange frais de mille manières, et les cuisinières en suspendent dans les cheminées de longs chapelets qu'elles font sécher pour les mauvais jours de l'hiver. Je ne connais pas de plat plus succulent que le cep sauté à la façon limousine : autrefois c'était un régal accessible aux plus pauvres gens ; aujourd'hui la spéculation s'est étendue jusque sur ce produit éphémère qu'un jour suffit à gâter ; chaque matin, pendant tout l'automne, on en embarque pour Paris des wagons pleins. Le bolet comestible est reconnaissable à sa fermeté, à la couleur foncée de son épais chapeau, à ses tubes blancs et serrés, à son pédicule trapu, ovoïde, d'une couleur un peu plus pâle que le chapeau. Les bœufs, les moutons, les porcs recherchent ce champignon avec avidité. C'est

de cette circonstance que les Latins tiraient son nom
de *suillus*.

Dans toutes les villes du Midi, le cep se consomme journellement par charretées : il est presque inouï qu'un accident soit arrivé dont on puisse lui reprocher l'origine. Outre que c'est un aliment d'une assez grande valeur nutritive, son goût exquis le fait rechercher, et son innocuité est proverbiale. On ne peut lui reprocher que d'être un peu indigeste. Toute la difficulté consiste à le distinguer de ses voisins moins inoffensifs, et si le paysan accoutumé à cette récolte s'y trompe rarement, il n'est pas toujours certain que le botaniste, malgré sa science, jouisse du même privilége. N'ai-je pas lu d'ailleurs que le même champignon, comestible dans un pays, était souvent vénéneux dans une autre contrée?

Avant de faire usage des ceps, il convient donc de les examiner avec beaucoup de soin. On doit rejeter énergiquement tous ceux qui ont une saveur âcre, poivrée ou nauséabonde, ceux qui changent de couleur quand on les entame, ceux qui sont un peu passés, ceux dont la chair est mollasse et gluante, ceux dont le pied est muni d'un anneau ou collier. Pline fait mention de plusieurs empoisonnements produits par les *suilli*, et le docteur Paulet, dans son excellent ouvrage sur les champignons, confirme le témoignage de Pline par un certain nombre d'exemples récents. C'est donc à tort qu'on a imprimé dans un ouvrage scientifique récent que le bolet n'était jamais dangereux.

Le *bolet pernicieux* a le foin rouge. Le *bolet marbré*, autre poison, a le foin et le pédicule de couleur carmin. Le *bolet chrysentère*, qui ne vaut pas mieux, a une chair jaunâtre et mollasse.

II. LES AGARICS, comme toutes les familles nombreuses, ont des vertus très-mélangées. On distingue celle-ci de la précédente, en ce que la doublure du chapeau, au lieu d'être formée de tubes, présente des lames ou feuillets disposés en forme de rayon où sont renfermées les semences. Le pédicule manque quelquefois et n'est en tout cas presque jamais placé au centre du chapeau. Celui-ci présente lui-même une différence : il est plus évasé que dans les bolets, quelquefois même ses bords sont relevés.

L'*agaric styptique* (*agaricus stypticus*) est le plus commun parmi ceux qu'il faut rejeter. Il est d'un brun plus ou moins foncé, fort irrégulier de formes ; les lames sont étroites et de la même nuance que le chapeau ; celui-ci a les bords enroulés. On le trouve en automne et par groupes sur les troncs des vieux arbres. Sa chair est molle et peu abondante ; si on le mâche, on se sent bientôt la gorge serrée désagréablement. — L'*agaric rouge* (*agaricus ruber*) a un aspect trompeur. Son chapeau, très-légèrement relevé sur les bords, est d'un beau rouge ; les feuillets sont blancs et se poursuivent sur une partie du pédicule qui a la même couleur. Son ensemble est appétissant, et sa dimension très-belle ; mais il faut se défier de lui : il jouit d'une âcreté extrême. — L'*agaric caustique* (*agaricus pyrogalus*), petit champignon jaune-sale, n'ayant qu'une seule nuance pour ses trois parties, et présentant un chapeau à fond ombiliqué, avec les bords rentrés en dessous, doit être rangé dans la même catégorie. On le trouve un peu partout. Il donne du lait quand on le brise. — Non moins commun, l'*agaric poivré* (*agaricus acris*) a une dimension beaucoup plus grande. D'un blanc de neige dans sa jeunesse, puis légèrement bronzé, son chapeau est ample, charnu, un peu déprimé à son centre et replié sur les bords. Ses lames sont blanches ou couleur de chair ; son pédicule cylindrique ; les lames descendent un peu sur le pédicule. Ce champignon est très-commun dans les bois. On est quelquefois tenté de le confondre avec le petit champignon de couches. M. Roques, qui l'a goûté, dit qu'il distille un suc âcre qui lui fit enfler les lèvres et lui laissa la bouche en feu. —

L'*agaric meurtrier* (*agaricus necator*) est, comme son nom l'indique, un plat dont il faut également s'abstenir ; c'est un gros champignon en forme de soucoupe dont les bords seraient retournés en dessous. Les feuillets empiètent sur le pédicule et sont d'un brun vert qui tranche sur le jaune du chapeau. Cette espèce est très-commune dans les bois. — L'*agaric amer* (*agaricus amarus*) vient par touffes sur les vieux bois et les fumiers. Le stipe est élevé et grèle ; le chapeau, orangé sur les bords, est d'une couleur un peu plus foncée au centre ; les lames verdâtres et peu serrées : il doit être rejeté de la cuisine. On doit rejeter pareillement l'*agaric annulaire* ou tête de Méduse (*agaricus annularis*), qui vient par touffes comme le précédent, mais dont le chapeau orangé est piqueté de noir, et dont les feuillets verdâtres et la tige longue et fistuleuse sont remarquables par un collier. Cette espèce a récemment causé en Corse la mort de cinq officiers qui en avaient mangé.

A côté des agarics vénéneux, il en faut citer trois espèces qui sont complétement inoffensives. — L'*agaric comestible* (*agaricus edulis*), plus connu sous le nom de champignon de couche, se rencontre au printemps dans les prés humides, et se cultive toute l'année dans les caves, où on le reproduit en jetant les épluchures sur une litière de fumier de cheval. Il est généralement petit; son chapeau est lisse et blanc; ses lames d'un beau rose qui brunit en vieillissant; son pédicule blanc et renflé à la base. Il porte des traces de collier. La chair est ferme, blanche, cassante et très-parfumée. Ce champignon, dont les Romains faisaient le plus grand cas, n'a rien perdu de sa célébrité. Il est inoffensif, mais il faut l'employer avant qu'il ait vieilli. — L'*agaric élevé* (*agaricus procerus*), très-connu en Poitou sous les noms de coulemelle, poturelle, parasol, y est extrêmement apprécié. Je ne connais rien de plus délicieux que ce champignon simplement frit dans l'huile.

On le reconnaît à sa tige à collier haute de 10 à 20 centimètres, bulbeuse, creuse et recouverte d'écailles, à son chapeau très-large et peu épais, de couleur bistre à bords frangés et chargé d'écailles brunes imbriquées. Ses lames sont blanches et profondes. Il vient en automne dans les pâturages secs. En le brisant, il exhale une odeur très-suave. — Enfin l'*agaric mousseron* (*agaricus albellus*). Cette espèce, d'une couleur blanche, a le pédicule plein, court, gros, et les bords de son chapeau sont légèrement rabattus. Il n'acquiert pas une grande dimension, et le parfum en est délicat. Les épiciers vendent sec pour le champignon de couche, qui est bien préférable, un autre champignon qui se nomme *chanterelle* (*agaricus cantarellus*). Les trois parties de celui-ci sont jaunes, le pédicule est court et sans bulbe, les feuillets se prolongent sur le pied, et le chapeau est relevé en coupe. La chanterelle est facile à confondre avec les espèces vénéneuses. Elle a peu de parfum.

En général, il est moins facile de reconnaître les agarics que les bolets comestibles. Le nombre des empoisonnements dont ils sont cause est chaque année très-considérable. On doit regarder comme suspects tous ceux dont le chapeau est visqueux et couvert de verrues, dont l'odeur est vireuse, et se méfier de ceux dont les lames ne sont pas roses.

III. LES AMANITES constituent une tribu de champignons dont le chapeau est garni de lames en dessous comme les agarics, mais qui naissent enveloppés d'une bourse blanche ou *volva* qui se déchire pour laisser passer le chapeau. Leur pédicule est bulbeux à sa base. C'est une famille mal famée. On y trouve cependant une espèce qui ressemble à une fleur, tant elle est fraîche et proprette, et qui a le goût et les qualités d'un fruit délicieux : ce qui prouve une fois de plus qu'au physique comme au moral, il peut naître un lis dans la fange.

L'oronge (*amanita aurantiaca*) est ravissante à voir. On croirait d'abord un œuf de poule éclatant de blancheur qui sort de terre entre la fine pelouse des bois. Mais en quelques heures cet œuf s'entr'ouvre, et le chapeau hémisphérique d'un champignon couleur d'orange en sort et grandit jusqu'à ce qu'il ait atteint à peu près un décimètre de diamètre. Les feuillets de l'oronge sont d'un jaune d'or, un peu frangés et protégés par une sorte de voile blanc qui vient se rattacher autour du pédicule. Celui-ci est plein et enveloppé dans les débris de la volva. La chair est ferme, jaune, d'une odeur suave. Néron, le plus cruel empereur de Rome et le plus fin gourmet de son temps, avait surnommé l'oronge la nourriture des dieux, ce qui ne l'avait pas empêché de s'en servir pour délivrer la terre de son prédécesseur Claude qui mourut pour en avoir mangé. Il est vrai qu'elles avaient été accommodées par Agrippine.

Une autre espèce, l'*oronge blanche* (*amanita alba*), dans laquelle le chapeau, les feuillets et le pédicule ont la même couleur que la volva, se trouve dans le midi de la France et est, dit-on, exempte de dangers. Je ne vous conseille pas de vous y fier cependant; car à côté de l'oronge blanche, il y a l'*oronge printanière (amanita verna)*, blanche dans toutes ses parties, recouverte en naissant de sa volva, et seulement caractérisée par son chapeau légèrement convexe, auquel adhèrent quelques débris de volva, qui est un poison très-actif. Le docteur Paulet, dans son Traité des champignons, raconte au long l'histoire d'une famille Benoît, dont deux membres succombèrent pour avoir mangé de l'oronge printanière dans le bois de Boulogne. Un fait analogue est rapporté dans la *Gazette de santé* de 1777. — L'*amanite citrine (amanita verna)* ne vaut pas mieux. Elle est très-abondante dans les bois. La couleur de son chapeau est un jaune plus clair que la bonne oronge, et sa forme plus évasée. Les feuillets sont blancs; le pédicule cylindrique, un peu courbé, muni au sommet d'un anneau débris de la volva. Des débris semblables sont attachés au chapeau et s'en séparent avec difficulté. L'odeur de la chair est virulente. M. Roques raconte l'histoire d'un chat qui périt dans des convulsions pour en avoir mangé, et celle d'une famille dont deux membres moururent pour n'avoir pas voulu prendre à temps les vomitifs nécessaires. — *L'amanite verte* (*amanita viridis*), ainsi nommée de la couleur de son chapeau, quoique la volva, les lames et le pied soient blancs, est encore un champignon vénéneux dont il faut se méfier. On le trouve dans les bois sombres. Il est très-facile à reconnaître, et sa couleur prévient assez contre lui. — *L'amanite verruqueuse* (*amanita verrucosa*) se distingue par son gros volume, la forme évasée de son chapeau, sa couleur feuille-morte, les débris de volva qui y adhèrent en forme de verrues blanches. Les lames sont blanches, le pédicule blanc et muni d'un anneau qui est le reste de la volva. Ce champignon habite les bois humides et exhale une odeur vireuse ; c'est un poison. — La *fausse oronge* (*amanita muscaria*) est à la fois un des plus beaux

champignons qu'on puisse voir et l'un des plus pernicieux. Son large chapeau est d'un rouge vif, sur
lequel se détachent comme des gouttes de lait les
débris inégaux de volva. Le pédicule est blanc ;
les feuillets blancs, nombreux, frais et protégés par
un voile comme dans la véritable oronge. La chair
est blanche, mais l'odeur est suspecte. Cette espèce
est très-répandue ; le nombre des empoisonnements
qu'elle a causés est incalculable. Elle est cependant
facile à reconnaître. — Je crois que la confusion serait
plus facile avec le *clathre grillé (clathrus cancellatus)*,
beau champignon couleur de feu, qui est enveloppé
en naissant dans une volva blanche. Mais il contient
une liqueur noirâtre d'une puanteur horrible qui ne
peut manquer d'éclairer sur ses propriétés délétères
ceux qui l'auraient cueilli inconsidérément.

IV. LES MORILLES n'ont guère qu'une seule espèce
que l'on soit tenté de ramasser pour les usages de la
table, c'est la *morille ordinaire (moschella esculenta)*.
Sa forme rappelle vaguement celle d'une éponge gros-

sière ; le chapeau est globuleux, grisâtre, percé de trous ; le pédicule est court, creux, lisse et blanc ; il n'a point de volva, ni de feuillets en dessous, ni de foin apparent. C'est dans les alvéoles que se rencontrent les organes reproducteurs. Ce champignon est comestible ; il est commun dans les places où l'on a brûlé du charbon.

V. LES CLAVAIRES n'ont également qu'une espèce comestible, c'est la *barbe de chèvre (clavaria covelloïdes)*. Ce sont des champignons charnus en forme de massue, en touffes serrées d'une couleur jaune orangé. Ils sont de petite taille ; la chair est cassante et blanche. On n'y distingue ni foin, ni volva, ni feuillets. La membrane contenant les organes reproducteurs les enveloppe en entier.

VI. LES TRUFFES sont des champignons souterrains, charnus, à surface globuleuse inégale, ressemblant beaucoup à la pomme de terre pour la forme, et d'une couleur noirâtre ou grise selon les variétés, car on distingue la truffe blanche et la truffe noire qui est préférable. Ce champignon, dont l'origine est presque un mystère, a une odeur délicieuse qui fait qu'il est très-recherché. On le trouve en Périgord et dans certaines vallées du Lyonnais. On emploie pour le déterrer les porcs qui en sont très-avides. Il n'est jamais vénéneux, quoique indigeste. Les Grecs et les Romains appréciaient la vertu des truffes, comme les gourmets de notre temps.

VII. **LES LYCOPERDONS** sont d'autres champignons globuleux dont il faut se méfier, et qui du reste ne peuvent tenter que les enfants. On les nomme dans nos campagnes *vesse de loup*. Il y en a de rougeâtres et de gris. On dirait une petite boule mollasse qui tient à la terre par des racines sans pédicule. Quand on les ouvre très-jeunes, on trouve à l'intérieur un peu d'une chair blanchâtre; mais le plus souvent, quand on marche dessus à une période un peu plus avancée de leur vie, il ne s'en exhale qu'une poussière verdâtre, irritante, que quelques charlatans ont vainement essayé d'utiliser en médecine.

Il résulte de tous ces détails, et je suis loin d'avoir épuisé la matière, que les champignons présentent beaucoup plus d'espèces nuisibles que d'espèces alimentaires, et qu'on ne doit jamais se mettre à table pour en manger, sans une certaine hésitation.

Les ménagères vous disent qu'une pièce d'argent mise dans la poële avec des champignons se noircit comme dans une omelette, quand ils sont vénéneux. Les amateurs ajoutent qu'en mettant macérer les espèces toxiques pendant quelques minutes dans de l'eau aiguisée de vinaigre on les rend inoffensifs. J'aime mieux y croire que d'y goûter.

Ce qui est certain, c'est qu'on entend tous les jours raconter des histoires d'empoisonnement causés par les champignons. Les symptômes varient de mode et d'intensité suivant les espèces, le climat, le tempérament du malade, l'âge, le sexe, etc.

L'action délétère de ces plantes se développe en général quelques heures après qu'on en a mangé, tantôt par des vertiges, des spasmes de la gorge, de la somnolence; tantôt par de vives douleurs à l'estomac et de violentes envies de vomir. Toutes les fois qu'a-près avoir mangé des champignons on éprouvera de ces symptômes anormaux, le premier soin à prendre est de se purger vivement avec l'émétique à la dose de un décigramme, ou la poudre d'ipéca à la dose de un gramme dans un verre d'eau chaude. Aussitôt après les vomissements, on emploiera avec succès soit le lait, soit la bouillie d'amandes, ou même l'huile, qui ont pour propriété de retarder l'absorption. Beaucoup de médecins se félicitent d'y avoir ajouté l'éther. On a même vanté le vinaigre et le jus de citron; mais s'il était vrai que le vinaigre dût à sa propriété dissolvante des poisons végétaux le privilége de rendre les champignons inoffensifs lorsque ceux-ci ne sont pas encore cuits, il me semble à craindre que cette solution faite dans l'estomac n'en rende au contraire l'absorption plus facile. Cependant on cite des traits de guérison par cette méthode, et l'expérience vaut mieux que le raisonnement. »

DEUXIÈME ENTRETIEN

Arum. — Ivraie. — Sceau de Salomon. — Colchique. — Scille. — Narcisse. — Jonquille. — Perce-neige.

La leçon de Mme Durand sur les champignons nous sembla si intéressante, qu'aucun des écoliers qui formaient son auditoire ne manqua à la réunion du jeudi suivant. Nous arrivâmes tous portant des brassées de champignons en la priant de nous en dire les noms. La chose était naturellement impossible. « Mes enfants, nous dit-elle, je n'ai pas eu l'intention de vous décrire tous les champignons en un jour. Voici un atlas fort estimé, qui contient, comme vous voyez, trois gros volumes, où Bulliart, l'auteur, n'a pas trouvé place pour les dessiner tous. Vous pouvez feuilleter ces gravures qui sont peintes et fort belles ; vous pouvez lire le grand ouvrage de Paulet sur les champignons ; vous ne saurez pas encore le nom de tous. Il y a un savant, M. Robin, qui depuis dix ans passe sa vie à en découvrir tous les jours de nouveaux. J'ai voulu, moi, vous indiquer seulement ceux qui sont communs, ceux qu'on mange et ceux qu'il faut rejeter. Rien n'est plus facile que de les classer par familles. »

Elle nous fit alors plusieurs groupes des bolets, des agarics, des amanites, des lycoperdons, des clavaires et des morilles, et avec les descriptions de la veille nous parvînmes nous-mêmes à distinguer par leurs noms tous ceux qu'il était utile de connaître.

Ce succès l'enhardit. « Puisque vous prenez plaisir à cette besogne de nourrice et de cuisinière, nous dit-elle, je vais la poursuivre. Il arrive tous les jours des accidents, souvent des cas de mort, parce que des enfants, des bergers, des gens de la campagne ont cueilli, mâché, avalé, ou posé sur des plaies, certaines plantes dont les vertus sont contraires à l'homme ou qui ne peuvent être employées que par les médecins. Le souvenir de mes petites leçons vous tiendra en garde contre ces malheurs.

ARUM. — Tous les enfants de la campagne connaissent le *gouet, pied de veau*, que l'on rencontre au printemps le long des buissons. L'aspect de cette fleur est frappant. Une sorte de feuille contournée en cornet, les savants disent **une spathe**, laisse sortir de sa profondeur un joli petit bâtonnet de cinq à huit centimètres de longueur, parfaitement arrondi et poli, rétréci par une gorge au milieu et terminé à sa base par une grappe de petites baies grosses comme des œufs d'écrevisse. La spathe, longue de dix à quinze centimètres, est tantôt verte, tantôt doublée de violet à l'intérieur; le bâtonnet tantôt jaune, tantôt brun foncé, suivant que la fleur appartient à l'*arum maculatum* ou à l'*arum dracunculus*. Du reste, aussitôt la floraison passée, le bâtonnet tombe, et il ne reste plus qu'un bel épi semé de baies globuleuses, molles, et qui, passant du vert au rouge à mesure qu'elles mûrissent, prennent l'aspect de ces bouquets de cerises attachées à un bâton que les marchands vendent aux enfants au commencement de l'été.

Les feuilles de l'arum cuites sous la cendre dans une feuille de chou avec de l'oseille, et mêlée à de la graisse, donnent, au dire des bonnes femmes, une pommade très-propre à faire guérir les panaris : ce qui est certain, c'est que les feuilles, aussi bien que les racines et les fruits, sont d'un emploi dangereux. Si on les applique fraîches sur la peau, elles font lever des ampoules. Orfila a empoisonné des chiens en leur faisant avaler la racine fraîche; et il y a des exemples d'enfants morts pour avoir goûté à ces belles baies rouges. Darluc raconte qu'un herboriste de Provence, s'étant avisé un jour de mâcher de la racine d'arum, fut pris immédiatement d'une violente inflammation à la gorge avec tuméfaction de la langue et écoulement d'une salive gluante, et qu'après avoir vainement employé pour se rafraîchir toutes les herbes émollientes qui lui tombèrent sous la main, il fut immédiatement soulagé en mâchant des sommités de thym.

Il n'est pas douteux que la première indication à suivre, si on en a avalé une certaine quantité, soit l'emploi de vomitifs ; viennent ensuite les boissons de lait, d'huile, la saignée employée avec succès par Bulliard et le docteur Marquis, et le sirop diacode à petites doses dans un peu d'eau de fleurs d'oranger.

IVRAIE. — Cette plante, à laquelle on a donné le nom vulgaire de *zizanie* (*lolium tremulentum*), est malheureusement trop connue des cultivateurs dont elle infeste les blés. On la trouve dans toutes les contrées de l'Europe : elle abonde pendant les années pluvieuses dans les champs d'avoine, de froment, d'orge. Les tiges de l'ivraie ressemblent un peu à celles du blé ; elles sont articulées, rudes au touche et très-cassantes ; les feuilles sont longues et raides, glabres et d'un très-beau vert. La tige se termine par un épi dont les épillets sont apposés à distance, regardent la tige par une de leurs faces et lui font décrire une sinuosité régulière. Les semences noirâtres sont ovales et farineuses.

Quand on n'a pas soin de séparer le blé de l'ivraie avant de le soumettre à la meule, il en résulte une farine de nuance obscure, et le pain qu'on en fait prend à la gorge, donne des vertiges et même des vomissements. Sleger, dans une thèse qu'il soutint en 1710 sur cette matière, raconte que deux paysans, leurs femmes et une autre personne, ayant mangé du pain d'avoine mêlé d'ivraie, se plaignirent deux heures après de maux de têtes, de vertiges et d'angoisses de l'estomac, accompagnés d'un tremblement convulsif très-violent. Quoiqu'il importe de ne pas confondre les accidents dus à ce mélange de la farine d'ivraie dans le pain avec ceux qui ont pour cause l'emploi de seigle de qualité inférieure atteint de rouille et d'ergot noirâtre qui lui communique des propriétés *tout à fait nuisibles*, il n'en est pas moins vrai que cette graine est une sorte de poison, et que les cultivateurs doivent apporter tous les soins à la séparer de leurs récoltes par le criblage. Si l'empoisonnement se déclarait après avoir fait usage de farine infectée de ces graines, il faudrait le combattre par les vomitifs d'abord, et ensuite par les potions éthérées, le café, le vin vieux; enfin on s'efforcera de faire disparaître les dernières traces du malaise par le bouillon et les toniques.

MUGUET. — On donne le nom de *sceau de Salomon* (*convallaria poligonatum*), et celui de *muguet de mai* (*convallaria majalis*), à deux jolies petites plantes de la famille des asperges, qui croissent au printemps dans les bois et qui, malgré leur aspect gracieux, ne laissent pas d'être délétères.

Le premier a une tige peu élevée, généralement courbée; toutes les feuilles, très-vertes, ovales, rayées dans leur longueur, sont d'un côté; les fleurs, semblables à de petites clochettes blanches, pendent de l'autre côté à distances régulières. Après les fleurs, viennent des baies bleues.

Le deuxième, qui offre une hampe très-grèle sortant de feuilles engaînantes, beaucoup plus grandes que les précédentes, quoique de forme pareille, offre à son sommet cinq ou six petites fleurs également blanches suspendues comme un petit grelot. L'odeur qu'elles exhalent est fort douce. A la fleur succède une baie sphérique, rouge, grosse comme un pois.

Les fruits de ces deux plantes excitent des vomissements. Les racines, qui, dit-on, coupées transversalement présentent l'empreinte d'un cachet, sont âcres, amères et nauséabondes. Les feuilles ont les mêmes propriétés.

COLCHIQUE. — Sous le nom de *tue-chien*, *veilleuse*, *safran des prés* (*colchicum autumnale*), cette plante, qui a la forme d'un oignon profondément enfoncé en terre, pousse en automne dans les prés humides, une fleur lilas tendre à tubes très-longs et à six divisions profondes, et sans feuilles, car celles-ci, qui doivent être longues, droites, lancéolées et d'un beau vert, ne se montrent qu'au printemps suivant.

Rien n'est plus gracieux que de voir dans les prairies rasées ces fleurs charmantes qui en émaillent la verdure ; mais le soin que mettent les troupeaux à paître tout autour sans les attaquer jamais, suffit pour nous mettre en garde contre leur propriété. En effet, la fleur et surtout le bulbe du colchique renferment un violent poison. Dioscoride et Galien avaient déjà, de leur temps, reconnu leur action délétère. M. Bossu dit que quand les animaux en mangent par mégarde dans le fourrage, ils éprouvent un flux de ventre qui très-souvent les fait périr. Garidel parle d'une servante qui perdit la vie au milieu des plus horribles angoisses après en avoir mâché trois ou quatre fleurs. Enfin M. Briant cite le fait de deux jeunes filles qui furent empoisonnées pour avoir bu une petite quantité de teinture de colchique dont leur père se servait pour le traitement d'un rhumatisme goutteux dont il était atteint.

Nous n'avons pas ici à examiner si tous les éloges que les médecins anglais ont prodigué à ce remède comme antigoutteux sont justement mérités, ce qui est indubitable, c'est que la colchique, sous quelque forme qu'on l'introduise dans l'estomac, peut y produire les plus funestes accidents.

L'empoisonnement s'annonce par le refroidissement, la pâleur, les douleurs d'estomac, les crampes et enfin les vomissements. Il faut s'empresser dans ces circonstances, comme fit le docteur Stork sur sa propre personne, d'avoir recours à une boisson acidulé avec le jus de citron, et addition de sirop diacode et de nitre, médicament auquel il dut la vie.

SCILLE. — Cette plante, que le peuple nomme *oignon marin* (*scilla maritima*), croît sur les bords sablonneux de l'Océan et de la Méditerranée. Elle est très-commune dans les plaines de l'Afrique française. De longues feuilles radicales, lisses et luisantes d'un vert foncé, ayant un peu l'aspect de celles du lis, et se rattachant à un oignon à moitié sorti de terre, indiquent sa présence en tout temps. Au printemps il sort de cette touffe une tige droite, cassante, haute

de cinq à six pieds, terminée par un épi conique
de fleurs d'un blanc verdâtre, ouvertes en étoile et
très-nombreuses. Le fruit qui succède à la fleur est
noirâtre, il a à peu près l'aspect d'un grain d'orge
au bout d'une aiguille. Il ne doit pas être fréquent
de voir des gens s'empoisonner en mangeant l'oignon
de scille pour celui des jardins, car le goût en est
détestable ; mais on ne voit que trop souvent des
malheureux ingérer dans leur estomac de la poudre
de scille, sur le conseil de quelque charlatan, et en
éprouver les effets les plus funestes. Lange rapporte
qu'une femme mourut au milieu des convulsions pour
en avoir pris une cuillerée.

Les médecins emploient la teinture et le vin scil-
litique dans le traitement de l'hydropisie, mais il
faut leur laisser le maniement de ces remèdes héroïques. Quant à nous, gardons-nous d'y porter la
main, et si par malheur nous avions un jour sous
les yeux un empoisonnement par cette plante, ce
qu'on reconnaît à des nausées, des vomissements,

des vertiges et des convulsions, n'oublions pas que le camphre à petite dose combiné avec le sirop diacode, ou en leur absence les tisanes adoucissantes et le lait, sont les premiers moyens qu'il faut employer pour en combattre les effets.

NARCISSE. — La fleur du *narcisse des poëtes* (*narcissus pseudonarcissus*) est connue de tout le monde. Elle se montre au printemps comme une belle et grande clochette d'un jaune clair supportée par une longue hampe festuleuse, nue, à deux angles, au bas de laquelle se montrent quatre à cinq feuilles radicales allongées en forme de lame d'épée, qui sortent d'un oignon oblong, de la grosseur du pouce et luisant.

Orfila a expérimenté sur des chiens les effets délétères de cette plante. Soit qu'on la prenne à l'intérieur, soit qu'on l'applique en cataplasme sur une plaie, son usage est capable de produire la mort.

Les médecins, frappés de l'énergie de ses effets, l'emploient beaucoup depuis quelques années comme antispasmodique dans la coqueluche, l'épilepsie, l'asthme et même la dyssenterie ; mais eux seuls peuvent en doser convenablement la préparation. Ce que j'en dis ici est pour qu'on évite de laisser les petits enfants en mordre les tiges, et qu'on empêche les jeunes filles d'en conserver des bouquets dans leurs chambres.

JONQUILLE. — La même observation s'applique à la *grande jonquille* (*narcissus odorus*), qui n'est qu'un narcisse cultivé. Les effluves que répandent les fleurs de ce végétal, attaquent le système nerveux d'une manière parfois si pernicieuse, qu'ils peuvent causer la mort des personnes soumises à leur influence. On cite l'exemple d'une dame qui faillit mourir pour avoir pris un bain dans une chambre où se trouvaient plusieurs bouquets de jonquilles. Du reste, l'odeur forte du jasmin, du lis, des tubéreuses, expose souvent aux mêmes dangers.

Dans tous ces cas, le malheur est que l'imprudente personne qui s'est exposée à ce danger, tombe dans un état d'engourdissement et de vertige qui l'empêche de se rendre compte de son état, et la met dans l'impossibilité de se secourir elle-même et d'éloigner d'elle ces perfides voluptés.

PERCE-NEIGE. — Je ne pense pas que le *perce-neige (galanthus nivalis)* ait à se reprocher de bien graves accidents sur l'espèce humaine; cependant on raconte qu'une femme de la campagne étant venue vendre au marché, dans une ville d'Allemagne, des bulbes de perce-neige pour des oignons de ciboule, toutes les personnes qui en mangèrent éprouvèrent des vomissements.

Cette plante, dans nos contrées, n'est guère recherchée que pour l'ornement des jardins. Sa fleur hâtive brave la saison des frimas. Les feuilles sont lisses et étroites; la tige grèle; la fleur en forme de cloche, découpée à six divisions, d'un blanc verdâtre. Chaque tige ne porte qu'une seule fleur. »

TROISIÈME ENTRETIEN

Iris. — Asarum. — Daphné. — Cyclamen. — Digitale. — Gratiole. — Jusquiame. — Tabac.

Mme Durand nous ménageait une grande surprise pour le commencement de notre troisième entretien : c'étaient les merveilleuses planches coloriées de la *Phlytographie médicale* du docteur Roques, ouvrage malheureusement trop rare et trop cher. En histoire naturelle on ne saurait trop recommander l'usage des gravures peintes lorsqu'il est impossible de présenter le sujet même que l'on décrit. Une chose bien examinée ne s'oublie jamais, tandis que les meilleures descriptions s'échappent de la mémoire en quelques jours. Comme nos conférences avaient lieu au milieu du jardin en plein été, époque où toutes les plantes sont en fleurs, il était rare que notre bonne maîtresse ne nous présentât pas des échantillons préparés à l'avance de chaque mauvaise herbe ; mais la gravure pouvait rappeler le lendemain ce qu'on avait admiré la veille, et ainsi sans travail, avec tout l'attrait du plaisir, se gravait dans notre tête l'important herbier des poisons végétaux.

IRIS. — Les *iris*, dit un vieil auteur, doivent leur nom à la couleur de leurs fleurs, qui rappelle les nuances de l'arc-en-ciel. Cette définition est exacte pour l'*iris germanique* (*iris germanica*), désigné vulgairement sous le nom de flambe, et dont les grosses belles fleurs sont d'un pourpre violet ; mais elle cesse d'être vraie pour le *glaïeul des marais* (*iris pseudo-acorus*) qui étale au bord des étangs de grandes fleurs jaunes ; pour l'*iris de Florence* (*iris florentina*) dont les fleurs sont blanches, et pour l'*iris fétide* (*iris fœtidissima*) qu'on trouve dans les bois avec de petites fleurs d'un bleu triste et d'une odeur nauséeuse. Quant au *glaïeul* dit *commun* (*gladiolus communis*), que je n'ai jamais rencontré dans le nord de la France, mais seulement dans les blés des provinces méridionales et en Afrique, il est d'un rose charmant qui n'a rien de commun avec l'arc-en-ciel, et la forme de sa fleur s'éloigne beaucoup des précédentes.

Les botanistes vous disent que ce sont des plantes herbacées à racine tubéreuse, dont la tige nue ou garnie de feuilles alternées, sessilées et engaînantes, porte des fleurs qui, renfermées dans une spathe, ont un calice pétaloïde, coloré, tubuleux à sa base, trois étamines à anthères extrorses, un ovaire infère à trois loges pluriovulées, etc. Tout cela ne vous amuse guère, n'est-ce pas? eh bien, supposez que je n'ai rien dit, et regardez bien les cinq ou six espèces qui sont étalées sous vos yeux; que dis-je? regardez-en un seul échantillon : tous les iris ont un air de parenté qui ne vous permettra plus de les confondre avec d'autres plantes des terrains humides.

Par malheur, le rapport qu'ils ont entre eux ne se borne pas à cet air de famille ; ils ont également tous la même nature perfide, le même caractère nuisible. Je ne dis pas qu'il faille s'en garder comme d'un poison violent ; mais c'est à tort que les habitants des campagnes emploient sans ménagement le suc de leurs racines pour guérir de l'hydropisie. Ce suc est un violent purgatif dont il faut laisser le maniement aux médecins ; les fruits doivent également, malgré leur belle couleur, être rejetés par les enfants, auxquels ils peuvent nuire.

ASARUM. — Le *cabaret* (*asarum europeum*), dont la feuille verte, en forme de rein, luisante, épaisse, est montée par son milieu sur un pétiole fort long et fort grêle, a de petites fleurs en clochettes, à trois lèvres, d'un pourpre noirâtre. Sa racine est une espèce de souche rampante, fibreuse, grosse comme le petit doigt.

On trouve cette plante dans tous les buissons humides. Les paysans l'appellent quelquefois *oreille d'homme.* Il suffit d'en goûter une partie quelconque pour lui reconnaître un goût amer très-âcre qui vous met en garde, et ce n'est pas sans raison. On cite l'exemple d'un jeune homme qui périt pour avoir pris une forte dose de feuilles réduites en poudre dans l'intention de se purger.

L'asarum était un vomitif très en usage avant la découverte de l'ipécacuanha; c'est donc une substance héroïque dont les médecins peuvent tirer parti; mais pour nous, pour le vulgaire, c'est une plante suspecte, dangereuse, qu'il faut éviter de confondre avec nos aliments et de mêler à nos tisanes.

DAPHNÉ. — La famille des daphnés, à laquelle appartient notre *bois-gentil* (*daphne mezereum*), est formée d'arbustes qui ont sur l'économie de l'homme une action très-prononcée.

Le bois-gentil est commun dans les bois et dans les buissons. Il est un des premiers au printemps à se couvrir de belles touffes de feuilles ovales et lancéolées, puis de fascicules de fleurs roses dont le calice est à quatre divisions. Le fruit qui leur succède est rouge, de la grosseur d'un pois.

Cet arbrisseau habite les lieux frais et ombragés. Ses jolies fleurs odorantes le font également rechercher dans les jardins; mais c'est à tort, car tout en lui, racine, écorce, feuilles, fleurs et fruits, est caustique et délétère, et il n'est pas rare de voir les enfants avaler de ces baies rouges, fort bonnes, dit-on en Russie, pour purger les paysans, mais beaucoup plus propres chez nous à rendre malade.

On comprendra facilement ce que je dis, quand on saura que ce qu'on appelle vulgairement le saint-bois, c'est-à-dire la substance avec laquelle on entretient les vieux exutoires, n'est autre que l'écorce de cet arbre, ou d'un des siens, le *garou*, daphné également, doué de propriétés corrosives et vénéneuses.

La *lauréole mâle* (*daphne laureola*), arbuste toujours vert qui se trouve en Auvergne et en Dauphiné, et dont les feuilles lancéolées d'un vert sombre cachent des fleurs d'un jaune verdâtre, ou des fruits noirs, ovoïdes, est tout aussi redoutable. Il m'est arrivé une fois de porter à la bouche un des fruits du bois-gentil. J'en ai eu une inflammation telle de cet organe, que la fièvre est survenue. J'ai conclu que si par malheur quelqu'un en avait avalé, ce serait un véritable poison qui amènerait sans doute la mort par la gastrite aiguë qui en résulterait, à moins qu'on ne se hâtât de l'expulser par les vomitifs. C'est le cas d'avoir recours sans hésiter à l'ipéca.

CYCLAMEN. — Le *pain de pourceau* (*cyclamen europeum*), ainsi nommé parce que les porcs recherchent avec avidité sa racine tuberculeuse, montre combien nous avions raison de dire qu'une nourriture inoffensive pour certaines espèces animales pouvait être meurtrière pour d'autres. Son moindre inconvénient pour l'estomac de l'homme est de le purger violemment. C'est du reste une jolie petite plante, avec des feuilles cordiformes très-vertes, qui naissent toutes de bulbe, et des hampes grêles terminées chacune par une fleur d'un blanc rosé dont les pétales, au nombre de cinq, sont retournées en arrière, ce qui lui donne une physionomie à part.

Les amateurs cultivent en serre différentes variétés de cyclamen. Elles ont toutes la propriété commune d'être nuisibles à la santé.

Je n'en dirai pas autant d'une autre plante très-voisine, le *mouron rouge* (*anagallis arvensis*), qui, dit-on, est un précieux préservatif de la rage. J'ai sous les yeux quinze observations de guérisons attribuées à la tisane de cette plante activée avec quelques gouttes d'ammoniaque.

DIGITALE. — Sur les collines, dans les pâturages, au bord des chemins arides, on trouve pendant tout l'été une jolie plante très-droite, haute d'un demi-mètre environ, garnie de larges feuilles lancéolées et ridées, et qui se termine par un épi de fleurs en cloche, ventrues, roses, tachées de points blancs et poilues à l'intérieur. Les villageois la nomment *gant de Notre-Dame*; les savants, *digitale pourprée* (*digitalis purpurea*). Les femmes font des bouquets avec la fleur qui est vraiment très-belle et grande ; les commères font des cataplasmes avec les feuilles, et les pharmaciens préparent avec la racine un sirop destiné à guérir les palpitations.

La réputation de la digitale comme médicament est méritée ; mais ses propriétés, suspectes quand on en mâche les fleurs ou les fruits inconsidérément, ne sont pas assez connues. Cette plante est au nombre de celles qu'il n'est pas indifférent de laisser entre les mains des enfants. Il existe plusieurs cas d'empoisonnement de malades qui ont voulu se traiter avec la poudre de feuilles de digitale sans calculer la dose qui leur était nécessaire.

Les symptômes sont ordinairement le vomissement accompagné de vertige et de battements irréguliers du cœur. Le traitement n'en est pas facile. Il faut se hâter de faire vomir, et traiter ensuite par les adoucissants et les saignées.

Outre la digitale à fleurs rouges, il en est une

autre à *fleurs jaunes* qu'il faut bien se garder de confondre avec le *bouillon blanc*, et une troisième à *fleurs rouillées*, qui ont à peu de chose près les mêmes vertus et présentent les mêmes dangers que la première.

GRATIOLE. — Cette plante (*gratiola officinalis*), qui croît en abondance dans les terrains marécageux, est regardée avec raison comme très-pernicieuse aux bestiaux. Les foins qui en sont infectés leur causent de violentes maladies d'intestins.

On reconnaît la gratiole à la couleur bistrée de ses fleurs qui rappellent vaguement pour la forme les gueules-de-loup. Les feuilles sont opposées, ovales, petites, garnies de nervures, dentelées en scie à leur sommet et d'une couleur vert-tendre. La tige n'a guère plus de quarante centimètres de hauteur. La racine est rampante et noueuse.

Prise à l'intérieur, toute la plante produit de vives inflammations. Les habitants de la campagne, qui l'emploient quelquefois pour se purger, ne se méfient pas assez de son action irritante et des désordres graves du système nerveux que les médecins lui attribuent avec juste raison.

JUSQUIAME. — « En observant cette plante, je me suis quelquefois représenté, dit Roques, l'image de ces hommes atrabilaires et méchants dont le cœur est gonflé de venin. Son aspect sinistre, ses fleurs d'une couleur jaunâtre, son pâle feuillage, la vapeur virulente qui s'échappe de son sein, tout annonce un être malfaisant. »

On distingue la *jusquiame noire* (*hyosciamus niger*) et la *jusquiame blanche* (*hyosciamus albus*).

La racine de la première, en forme de fuseau, blanchâtre, donne naissance à une tige rameuse couverte à sa partie supérieure d'un duvet très-épais chargé de feuilles alternes, très-profondément découpées et cotonneuses. Les fleurs, placées presque toutes au sommet avec une queue très-courte, sont d'un jaune terne coupé de filets de sang. Les semences sont brunes. Une longue réputation a depuis longtemps appris à se méfier de cette plante. Quand par malheur ses racines ont été confondues avec celles de panais ou de chicorée, et employées à la cuisine, elles ont presque toujours produit des convulsions, du délire, le trouble de la vue, une soif intense et des douleurs atroces dans l'estomac. Les livres de médecine sont pleins de récits d'accidents dus à ce perfide végétal. Ici ce sont des gens qui en mangent en soupe et deviennent imbéciles pendant plusieurs jours; là des enfants qui, dans leur délire, croient voir tout en feu autour d'eux. Des naturalistes sont devenus malades pour en avoir seulement touché les feuilles et respiré l'odeur. Une herbe douée de propriétés si énergiques ne pouvait manquer d'attirer l'attention des médecins. Ils ont en effet trouvé dans ses vertus un remède puissant autant que dangereux. Le docteur Meglin, de Colmar, en a fait la base de ses célèbres pilules. Mais à la science seule appartient de manier ces préparations héroïques. Quant à nous, ce qu'il importe de savoir, c'est que la jusquiame noire est une plante suspecte, et que si, par ignorance ou par mégarde, quelqu'un en mangeait devant nous, il faudrait immédiatement avoir recours au vomissement et aux acides végétaux.

La *jusquiame blanche*, moins élevée et moins velue que la précédente, avec des fleurs d'un blanc sale, a le même port et les mêmes propriétés.

TABAC. Je ne répéterai point ici tout ce qui a été écrit sur les inconvénients de cette herbe âcre, puante et sale, qui épuise la santé et la bourse de tant d'individus en les rendant infects d'haleine et de vêtement.

Le tabac (*nicotiana tabacum*), originaire du Mexique, n'est connu en France que depuis 1560. Il est cultivé en grand dans les provinces du Midi pour le service de la régie qui en tire des profits énormes. Tout le monde a vu et sait distinguer sa tige élevée, ronde, velue, rameuse, ses grandes feuilles ovales lancéolées, ses petites fleurs roses en corymbe à cinq découpures aiguës.

TROISIÈME ENTRETIEN

D'après les expériences tentées sur divers animaux, on a reconnu que le tabac est doué de propriétés vénéneuses actives. On en extrait une huile dont une goutte déposée sur la langue d'un chien suffit à lui donner la mort. C'est donc une grande imprudence d'avoir recours, comme le font certaines bonnes femmes, aux lavements de tabac pour débarrasser les enfants des vers intestinaux. Ce n'en est pas une moindre de l'employer à l'extérieur sous prétexte de détruire les insectes. Une fille de vingt-trois ans, raconte Vandermonde, voulant se guérir de la gale, s'enveloppa les bras, les mains, les cuisses et les jarrets avec des linges trempés dans une forte décoction de tabac, avant de se mettre au lit. Quelques heures après, elle fut prise de convulsions, de nausées et de vomissements violents qui faillirent l'empoisonner et qui ne cessèrent qu'avec les secours du médecin. Je dois dire ici que j'ai souvent vu les vieux rouliers qui fument beaucoup et se servent de pipes à tuyau court, être atteints de cancer des lèvres sans qu'on pût en attribuer la production à d'autre cause qu'à leur pipe.

Tout cela ne veut pas dire que le tabac ne soit pas quelquefois utile. Mais on peut assurer sans crainte que, pour une personne à qui il fait du bien, il y en a quinze auxquelles il nuit. L'empoisonnement par le tabac se traite par le café et par la décoction de quinquina. »

QUATRIÈME ENTRETIEN

Stramoine. — Belladone. — Morelle. — Douce-amère.
— Liseron. — Laurier - rose. — Rhododendron. —
Laitue vireuse.

« On croit généralement, nous disait Mme Durand en étalant devant nous les échantillons des plantes qui devaient faire l'objet de notre quatrième entretien, on croit généralement que la connaissance des espèces nuisibles, vénéneuses ou suspectes, doit être interdite au commun des lecteurs et réservée seulement à quelques initiés, à ceux qui ont le moyen d'étudier dans les grands livres qui coûtent beaucoup d'argent. La raison sur laquelle on s'appuie est que cette science répandue dans les masses pourrait entraîner quelques esprits mauvais à profiter des poisons qui se trouvent à profusion sous la main de l'homme pour commettre quelque attentat contre la vie de leurs semblables.

C'est un bien mauvais raisonnement que celui-ci : car jamais un empoisonneur n'a été retenu par la difficulté de se procurer des poisons. L'arsenic, le sulfate de cuivre (vert-de-gris), le laudanum, dont tout le monde connaît les propriétés délétères, se vendent sans ordonnance chez les pharmaciens, et le tabac, dont le trop fameux procès Bocarmé a fait connaître la funeste énergie, est dans toutes les poches. Je crois au contraire que l'homme à desseins perfides étant comme ces hideux reptiles qui ont besoin d'ombre pour attaquer et vaincre leur victime, la divulgation de leurs secrets et des recettes de leurs odieux breuvages aura le double avantage de les forcer à renoncer à des ruses dé-jouées, et de mettre en garde leurs victimes contre l'abus qu'on pourrait faire de leur ignorance et de leur crédulité. Nous poursuivrons donc notre étude, non-seulement sans remords, mais avec la conscience d'une bonne action sincèrement accomplie.

STRAMOINE. Il paraît que l'*herbe aux sorciers* (*datura stramonium*) est originaire d'Amérique. Elle est maintenant tellement répandue en France et y croît avec tant de rapidité dans les décombres et les lieux incultes, qu'on peut la considérer comme indigène.

C'est une plante assez belle qui forme une broussée de deux à trois pieds de haut. Ses feuilles sont larges, anguleuses et d'un vert foncé. Ses fleurs représentent une belle corolle blanche en forme d'entonnoir. Le fruit est une capsule de la grosseur d'un œuf de poule, hérissé de piquants, qui s'ouvre à quatre valves (pomme épineuse) et est rempli de petites graines noires. Toutes les parties de la plante ont une saveur amère et répandent une odeur vireuse.

On cite beaucoup d'histoires d'empoisonnements par le stramoine, les uns produits par imprudence ou méprise, les autres dus à des desseins criminels.

Roques raconte qu'il fut appelé pour donner des soins à huit écoliers qui s'étaient empoisonnés par mégarde avec ces semences. Tous étaient sans connaissance, avec la face bouffie, les yeux hagards et la respiration très-pénible. Il fallut les traiter par les vomitifs, l'huile éthérée, les boissons ammoniacales, et ce ne fut qu'au bout de plusieurs jours qu'ils se trouvèrent complétement hors de danger.

M. Rousseau regarde le stramoine comme plus dangereux que la belladone. Sa poudre administrée en boisson a en effet causé quelquefois, non-seulement des hallucinations et des vertiges, mais encore une mort prompte.

Il ne devrait pas en falloir davantage pour engager les cultivateurs à détruire cette herbe funeste qui ne devrait être cultivée que par les droguistes et les médecins. A eux seuls en effet il peut convenir d'apprécier si dans certains cas ce poison, comme quelques autres, peut être appliqué aux usages de la thérapeutique.

BELLADONE. Cette plante (*atropa belladona*) est un des poisons les plus répandus sous la main des habitants de la campagne. On la trouve partout : dans les taillis, dans les haies, dans les jardins abandonnés et jusque sur les rebords des routes.

Elle est vivace, d'un assez beau port, haute d'un mètre environ, à tige rameuse, un peu velue et d'un vert rougeâtre, avec des feuilles d'un vert sombre, ovales, alternes, glabres, et des fleurs d'un pourpre obscur, un peu semblables à celles de la pomme de terre. Le fruit ressemble à une cerise noire.

Les livres et les journaux fourmillent d'histoires d'empoisonnements causés par la belladone. Gmelin rapporte qu'un berger pressé par la soif et par la chaleur brûlante d'un jour d'été, cherchant des fruits qui, pussent le rafraîchir, tomba sur cette plante, dont les baies d'un noir luisant le séduisirent, et en mangea une certaine quantité. Mais à peine était-il couché que le délire survint. Sa femme, croyant le soulager, lui donna à boire de l'eau-de-vie ; mais au lieu d'en avoir du répit, il sortit de son lit, devint furieux et fut pris de convulsions violentes dont il mourut au bout de douze heures.

Voici un autre trait non moins célèbre rapporté par Gaultier de Claubry. « Le 14 septembre 1813, un détachement de quelques cents hommes du 12ᵉ d'infanterie se porta en avant de Pyrna, sur une colline où se trouvaient malheureusement plusieurs pieds d'*atropa belladona*.

Altérés par la marche pénible qu'ils venaient de faire, les jeunes soldats de ce détachement se précipitèrent sur ces plantes et les eurent bientôt dépouillées de leurs fruits dont les uns conservaient une couleur assez vermeille, tandis que les autres offraient une teinte d'un violet terne qui. annonçait leur maturité. Plusieurs en prirent six ou huit, quelques-uns une cinquantaine, d'autres enfin une plus grande quantité encore.

Deux heures après, le régiment quitta cette position ; mais déjà plus de cent soixante de ces malheureux éprouvaient les funestes effets des fruits de la belladone. Les uns ne tardèrent pas à expirer dans l'endroit même où ils les avaient cueillis, les autres furent traînés par leurs camarades dans le bois voisin ou s'y dispersèrent d'eux-mêmes. Il était alors environ deux heures après-midi. Notre division, quoique peu éloignée, n'apprit cet événement que le lendemain à la pointe du jour. Un certain nombre des individus empoisonnés se rendirent dans nos bivouacs, où on remarqua qu'ils donnaient quelques signes de folie. Beaucoup d'autres furent ramenés par nos patrouilles. Le 15 au soir, j'en vis une quinzaine qu'un de nos officiers avait rencontrés dans les bois. Le 16 à midi, j'en vis encore à peu près trente qui revenaient assez bien remis, et parmi lesquels deux seulement surent me rendre compte des accidents qu'ils avaient éprouvés.

Le premier était un jeune soldat qui avait mangé dix à douze baies et disait avoir eu au bout de deux heures une aberration de la vue qui lui faisait paraître les objets comme couverts de foin. Il tombait à chaque instant et ne se relevait que pour tomber de même quelques pas plus loin. Il avait des défaillances, des nausées ; les lèvres, la langue et le palais secs ; il ne pouvait avaler la petite quantité de salive qui humectait sa bouche ; il lui semblait que les parois de sa gorge étaient appliquées l'une contre l'autre et que sa vie allait s'éteindre. Bientôt tout parut tourner autour de lui, et il crut ne voir les objets qu'à travers un nuage épais ; enfin il passa quatre ou cinq heures dans un état dont il ne pouvait trop rendre raison.

Le second malade que j'interrogeai était un sergent d'environ quarante ans. Voyant que tout le monde mangeait de ces fruits, il en prit lui-même une douzaine auxquels il trouva une saveur fade. Au bout de trois heures, il tomba sur ses genoux dans les rangs, crut avoir heurté contre quelque racine, se releva et retomba ainsi plusieurs fois de suite dans un fort court espace de terrain. Sa tête lui semblait mal assurée sur ses épaules : il eut des nausées comme le précédent. Reconnaissant alors qu'il était empoisonné ainsi que toute sa compagnie, il mangea comme remède, non sans beaucoup d'efforts, un morceau de pain de muni- tion et quatre pommes vertes extrêmement acides. Une demi-heure après, il but un grand verre de lait; bientôt il se sentit soulagé et ne tarda pas à se remettre.

Les autres soldats qu'on ramenait étaient plus ou moins hébétés, affaiblis, et ne se rappelaient aucune circonstance de leur accident; ils avaient tous été privés de la raison. Soixante et quelques, qui avaient été recueillis après avoir passé la pre- mière nuit dans les bois par un temps très-froid, nu-tête, sans souliers, sans habit, avaient tous sans exception les yeux hagards et saillants, la conjonctive rouge, la pupille extrêmement dilatée et immobile ; leur vue semblait leur donner une idée fausse des objets. Ils étaient dans une agitation continuelle, et ne paraissaient se remuer qu'afin de pouvoir rester debout, leurs genoux pliant sous le poids de leur corps. Ils étendaient et fléchis-saient alternativement les mains d'une manière variée. Leur physionomie n'était pas la même : quelques-uns étaient hébêtés, d'autres gais et folâ-tres. Ils s'entre-poussaient, se pinçaient et s'aga-çaient très-diversement, mais sans mouvement précis et par tâtonnement.

Ils avaient les lèvres et une partie du visage teints par le suc violet des baies de belladone, la langue âpre et sèche. Le plus grand nombre ne pouvait articuler aucun son. Le pouls que j'ob-servai seulement chez quelques-uns des moins remuants me parut petit, débile et plutôt lent qu'accéléré.

Il est vraisemblable qu'ils ne voyaient qu'imparfaitement les objets ; car l'un d'eux prenant devant moi son doigt indicateur pour une pipe, s'efforçait de l'allumer avec un brandon ardent qu'il venait de ramasser péniblement dans le foyer. Quoiqu'il dût déjà ressentir les effets du feu, il ne le manifestait par aucun signe extérieur. Nous fûmes obligés de crier après lui et de retirer son bras : alors d'un air stupide et avec un sourire niais il essuya le brandon allumé à sa culotte qu'il brûla. Un sergent fortement affecté prenait une charrette de cantinier pour le magasin à pain et voulait qu'on en fît la distribution à sa troupe. Presque tous portaient les traces sanglantes de la rencontre des arbres, des épines, des rochers parmi lesquels ils s'étaient traînés.

Le traitement à apporter à l'empoisonnement par la belladone quand on arrive à temps, c'est un vomitif. En second lieu viennent le café, le lait et les boissons acides.

Une plante douée de propriétés si active ne pouvait manquer d'attirer l'attention des médecins. Soumise à de nombreuses expériences, elle est devenue entre leurs mains, un des agents les plus efficaces de la matière médicale, et produit, dans les névralgies les névroses, les constrictions spasmodiques, des effets remarquables.

MORELLE. — Une tige rameuse herbacée, de petite taille, des feuilles molles ovales pointues, de petites fleurs blanches à cinq lobes en roue disposées en petits corymbes, de petites baies rondes qui noircissent en murissant, tels sont les caractères généraux de la *morelle* (*solanum nigrum*), dont les plants infestent les vignes et les lieux incultes.

Tout le monde sait que cette herbe doit être rangée parmi celles dont il faut se méfier. Je cite à ce sujet un exemple entre mille rapporté par le docteur Bertrand.

Une petite fille âgée de quatre ans, ayant mangé sans qu'on s'en aperçût des baies de morelle, fut promptement prise de vomissements, de fièvre et de délire. Appelé à son secours, le médecin trouva la pupille paralysée et le pouls très-dur. Il parvint, à l'aide d'eau émétisée, à faire rejeter les baies de morelle, dont quelques-unes étaient encore entières ; mais ce ne fut qu'au bout de quatre jours et après un long usage de limonade, d'éther et de lavements acidulés, que la santé se rétablit.

DOUCE-AMÈRE. — Je ne cite que par scrupule parmi les plantes suspectes la *vigne-vierge* (*solanum dulcamara*), qu'on trouve partout dans les buissons, grimpant aux branches, où elle suspend avec assez de grâce ses fleurs violettes, petites, à cinq divisions, et ses fruits en grappes semblables à de petites cerises ovoïdes et d'un beau rouge, à l'époque de la maturité.

Les médecins font un grand usage de cette plante qui a de véritables propriétés ; mais les exemples qu'on cite d'accidents survenus pour en avoir fait usage, ne sont pas très-authentiques.

LISERON. — J'en dirai autant du liseron des

champs si remarquable par ses jolies petites fleurs en cloches roses, bleues ou blanches (*convolvulus arvensis*), et du liseron des haies (*convolvulus sepium*), qui s'enroule autour des arbustes et les couvre de ses milliers de fleurs.

Malgré le surnom de *scammonée d'Europe* qu'on leur a donné, ils sont tout au plus légèrement purgatifs.

LAURIER-ROSE. — Mais avec le *laurier-rose (nerium oleander)* nous rentrons dans les plantes nuisibles. Cultivé seulement dans les jardins de la pa tie septentrionale de la France, cet arbuste croît spontanément dans le Midi, en Corse, et surtout en Algérie, où nos soldats sont sans cesse exposés à son influence pernicieuse.

Non-seulement il serait dangereux d'en introduire le suc ou les feuilles dans l'estomac, mais l'eau qui coule dans les ruisseaux au bord desquels il croît est malfaisante, les huttes que l'on construit avec ses branches sont malsaines et fiévreuses. Et le miel que les abeilles recueillent sur ses fleurs est un poison. Les anciens naturalistes avaient déjà remarqué l'influence funeste de cette plante sur les animaux qui en mangeaient, chèvre, brebis, chevaux, mulets. On rapporte qu'en Corse, où le laurier-rose est très-commun, des soldats français périrent pour avoir mangé des volailles qu'ils avaient fait rôtir avec ses branches.

Un de nos amis, le docteur de la Porte, a souvent été témoin, pendant son long séjour en Afrique, de l'influence désastreuse de son voisinage sur la santé des tribus arabes obligées de boire l'eau où trempaient ses feuilles.

RHODODENDRON. — Assez rare dans le centre de la France, mais commun dans les Alpes et les Pyrénées, le *rhododendron ferrugineux* (*rhododendron ferrugineum*), quoique beaucoup moins redoutable que le rhododendron pontique, ne laisse pas que de mériter une certaine méfiance.

On le reconnaît à ses rameaux buissonneux, à

ses feuilles ovales, lancéolées, lisses, teintes en dessous d'une couleur de rouille, et aux bouquets de fleurs purpurines qui terminent ses rameaux.

Ses feuilles ont une odeur vireuse et âcre : elles sont funestes aux bestiaux. Chez l'homme, l'usage de cette plante produit le tremblement, le vertige, et, à une certaine dose, amèneraient infailliblement la mort.

LAITUE VIREUSE. — Les laitues sont regardées comme ayant toutes des propriétés stupéfiantes plus ou moins développées selon les espèces. Celles dont le suc lactescent possède la plus vive énergie est la *laitue vireuse* (*lactuca virosa*). Un gros (4 grammes) de ce suc occasionnèrent, paraît-il, au savant botaniste Gilibert, des étourdissements, des nausées, des douleurs d'estomac telles qu'il passa une nuit affreuse et se crut sérieusement empoisonné.

Cette plante est très-commune dans les lieux incultes et sur le bord des chemins. On la reconnaît à sa tige rameuse, blanchâtre, hérissée de petites épines, à ses feuilles en forme de spatule, enveloppant les tiges à leur naissance, inégalement dentées et épineuses elles-mêmes sur leurs bords, enfin à ses petites fleurs jaunâtres disposées en grappes minces.

On accorde les mêmes propriétés à la *laitue sauvage* (*lactuca sylvestris*), qui se distingue de la précédente par ses feuilles profondément découpées.

Les laitues cultivées, telles que la *romaine*, la *pommée*, ont elles-mêmes un suc légèrement narcotique, mais elles sont tout à fait incapables de causer le moindre accident. »

CINQUIÈME ENTRETIEN

Absinthe. — Lierre. — Ciguës. — Œnanthe. — Clématite.
— Anémone. — Adonis. — Renoncules.

Un jour, à l'heure de notre leçon, Mme Durand fut dérangée par la directrice de la poste. C'était une vieille dame fort respectable, toujours vêtue de noir. On disait qu'elle avait eu de grands revers de fortune et de grands malheurs dans sa famille, dont il ne lui restait qu'un fils officier en Afrique.

Cette pauvre mère était toute éplorée ; elle venait de recevoir une lettre qui lui annonçait que son fils était comme fou, qu'il avait des hallucinations, nuit et jour, pendant lesquelles il se croyait sans cesse en présence de l'ennemi, et accablait de coups et d'injures ceux qui l'approchaient : il était atteint en même temps d'un tremblement tel qu'il lui était impossible de signer son nom, et son corps, d'une maigreur de cadavre, avait peine à se soutenir. Le médecin ajoutait que cette maladie lui était survenue pour avoir bu sans mesure d'une liqueur fort commune en ce pays-là qu'on nomme l'*absinthe*. Mme Durand, après avoir prodigué à cette malheureuse mère les consolations de l'amitié, commença son entretien en nous faisant connaître la plante funeste qui fournit ce redoutable poison.

ABSINTHE (*artemisia absinthium*). — Commune dans les lieux arides et particulièrement dans les montagnes du Jura, cette plante est très - facile à reconnaître. Sa taille est de soixante centimètres environ, sa tige rameuse est d'un gris cendré dû au duvet qui la recouvre. Ses feuilles découpées, soyeuses, semblent blanches à la partie inférieure, et sont très-molles. Les fleurs jaunâtres, petites, rappelant celles du souci, forment des sortes de grappes au sommet des rameaux.

Les médecins font un grand usage de l'absinthe. Employée avec discernement, à doses minimes, elle est tonique, stomachique, antivermineuse ; mais il n'est pas rare de voir son emploi inconsidéré dans les recettes de commères produire des inflammations du ventre, des pertes de sang considérables chez les femmes, et même la mort.

Quant à l'abominable liqueur verte préparée avec son alcool, les journaux de médecine sont pleins d'exemples de sa pernicieuse influence sur tous ceux qui en font usage.

LIERRE. — Je passe sous silence un grand nombre de plantes voisines de l'absinthe, dont on pourrait peut-être bien suspecter l'innocence, telles que l'arnica, la valériane, le laurier-thym, et j'arrive au *lierre* (*hedera helix*), que tout le monde connaît, et qui par conséquent n'a pas besoin de description.

Les fleurs verdâtres, les feuilles étranges, épaisses et si amères, les baies noires de cet arbrisseau qui produisent une si forte odeur quand on les écrase, préviendraient en sa défaveur si nous n'étions accoutumés comme nous le sommes à le voir partout tapisser de son épais feuillage les murs décrépits des anciens monuments, étreindre les rameaux des grands arbres et conserver en toute saison son inaltérable verdure.

Vicat prétend que les oiseaux qui ont mangé les fruits du lierre sont tellement étourdis qu'on peut les prendre à la main ; et d'autres observateurs assurent que des paysans, s'en étant quelquefois voulu servir comme vomitif, en ont été très-gravement incommodés.

C'est donc encore une plante à ranger sur la liste déjà longue des suspectes.

CIGUE. — Voilà un nom qu'il suffit de prononcer pour mettre l'esprit en éveil. Tout le monde en effet se méfie de la ciguë, tout le monde connaît sa redoutable énergie ; mais le difficile est de reconnaître ses différentes espèces et de bien les distinguer des autres plantes ombellifères inoffensives dont la fleur a quelque analogie avec les siennes.

D'abord la *petite ciguë* (*ethusa sinapium*), commune dans les lieux cultivés, au milieu des plantes potagères, et que l'on a souvent confondue avec le persil. Il est vrai que le port de ces deux plantes se ressemble beaucoup : même taille, mêmes feuilles, mêmes fleurs blanches en ombelles ; mais sans parler du fruit qui diffère, on évitera facilement de les confondre en les écrasant entre les doigts pour en éprouver l'odeur. Celle du persil est aromatique, agréable : tandis que celle de la petite ciguë est fétide et nauséeuse. Toute la plante a une saveur âcre. Quelques animaux, dit-on, la mangent impunément, mais l'homme ne saurait imiter cet exemple. Roques rapporte deux exemples dans lesquels une toute petite quantité de cette herbe mise dans la salade en guise de cerfeuil suffit pour donner de violentes coliques à ceux qui en avaient fait usage. Une dame, pour en avoir mis quelques feuilles dans du bouillon aux herbes, fut tourmentée pendant plusieurs heures de tranchées et de vomissements horribles. Mais voici un accident beaucoup plus funeste dont Vicat nous a conservé le souvenir. Un garçon de six ans, ayant mangé à quatre heures du soir de la petite ciguë qu'il avait prise pour du persil, commença aussitôt après à pousser des cris d'angoisse et à se plaindre de crampes d'estomac. Pendant qu'on le transportait de la campagne chez son père, tout son corps devint livide, et il mourut vers minuit. Enfin, on lit dans les Mémoires de la Société de Montpellier qu'une famille entière fut empoisonnée par du hachis préparé avec des œufs, de la mie de pain et de la petite ciguë qu'on avait également prise pour du persil. Ce ne fut qu'à l'autopsie que les médecins reconnurent l'erreur.

La *ciguë aquatique* (*cicuta virosa*) est regardée comme la plus dangereuse de la famille. Elle croît dans les lieux humides, comme son nom l'indique.

La tige, un peu plus élevée que la précédente, tient à une racine bulbeuse assez semblable à celle du panais. Sa tige est lisse, fistuleuse, rameuse; ses feuilles grandes, d'un vert foncé, deux ou trois fois ailées et formées de folioles étroites, pointues, dentées en scie; ses fleurs blanches en ombelles à rayons nombreux.

Toute la plante exhale une odeur fort analogue à celle du céleri. En cassant les feuilles ou les tiges on en fait sortir un suc jaunâtre ou rouillé qui est un violent poison. Ce suc ne peut permettre de confondre la ciguë avec l'angélique sauvage qui a le même port à peu près et un peu la même odeur.

Les faits nombreux cités par les auteurs ne peuvent laisser aucun doute sur ses effets pernicieux. Dans un cas rapporté par Roques, où huit enfants mangèrent des racines de ciguë aquatique qu'ils avaient prises pour des panais, deux d'entre eux moururent malgré tous les soins possibles, après avoir eu d'horribles convulsions, vomi du sang mêlé d'écume verte, et enflés comme des tambours. Les autres ne durent leur salut qu'à un mélange de thériaque et de vinaigre qu'on leur fit avaler.

L'*Histoire de l'Académie des sciences de Paris* raconte également l'empoisonnement de trois soldats qui moururent moins d'une heure après avoir avalé le fatal aliment et qu'on ait pu leur porter secours.

La *grande ciguë* (*conium maculatum*), dont les médecins font quelquefois usage, est moins redoutable que la précédente. Elle se plaît auprès des habitations, dans les décombres humides. Sa tige robuste a plus d'un mètre de hauteur. Elle est fistuleuse, rameuse, glabre, parsemée de taches d'un pourpre violacé ou brunâtre. Ses feuilles sont grandes, trois fois ailées, composées de folioles pointues, luisantes, d'un vert sombre. Ses fleurs sont blanches, disposées en ombelles ; son fruit ressemble à celui de l'anis.

La grande ciguë exhale une odeur herbacée vireuse et désagréable. Son suc rappelle la mort de Socrate, de Phocion, de Philopœmen, héros de l'ancienne Grèce. Les exemples rapportés par les auteurs démontrent qu'on a souvent confondu les racines de cette plante avec celles des panais, et ses feuilles avec le persil ou le cerfeuil ; et c'est à cette erreur que sont dus la plupart des accidents qu'ils racontent. L'odeur du persil et du cerfeuil devrait cependant, il me semble, détruire toute possibilité de confusion.

Le docteur Haaf, médecin militaire, raconte l'histoire d'un grenadier qui, étant en Espagne en 1812, mangea avec quelques camarades une soupe dans laquelle on avait mis de la ciguë. Peu de temps après, il fut pris d'un sommeil agité avec de grands gémissements. Le docteur appelé lui fit prendre de l'émétique qui le soulagea un peu ; mais il fit de vains efforts pour vomir, et son état empira tout à coup. Des frictions et du vinaigre que l'on employa d'après l'avis imprimé du chimiste Chevalier ne firent que hâter sa fin. Il perdit bientôt l'usage de la parole, et mourut, trois heures après le souper fatal, au milieu des plus atroces douleurs. Ses camarades, qui avaient mangé moins de soupe que lui, purent être sauvés par les vomitifs.

Je pourrais multiplier ces exemples. Je me hâte de terminer en disant que la médecine, suivant l'avis de l'expérimentateur allemand Stork, a cherché à utiliser les vertus héroïques de cette plante dans le traitement du cancer. On croit en avoir retiré quelques bons effets.

Quant à l'empoisonnement par la ciguë, qui est un des plus faciles à reconnaître, c'est par l'ipécacuanha, à la dose d'un gramme, que l'on doit se hâter de provoquer des vomissements. On aura recours ensuite au café ou au laitage. Il est bien entendu que dans cet accident, comme dans tous ceux du même genre, la présence du médecin doit être aussitôt réclamée.

OENANTHE. — Il existe plusieurs espèces d'œnanthe. Celle qui porte le nom de *fenouil d'eau* ou *phel-*

landre aquatique (*phellandrium aquaticum*), habite les marais, les bords des étangs et des ruisseaux. Sa racine est grosse, pivotante, blanchâtre, mais creuse. Sa tige, haute comme celle de la grande ciguë et rameuse comme elle, s'en distingue en ce qu'au lieu d'être unie, elle est striée de cannelures dans toute sa hauteur. Ses feuilles, trois fois ailées, sont plus petites, et par conséquent, plus faciles à confondre avec le persil que les précédentes. Les fleurs sont blanches et en ombelles, mais sur de très-courts pédoncules. Le fruit est ovale, strié, couronné, jaunâtre à sa maturité.

Le phellandre n'est odorant que quand on le froisse entre les doigts. On lui attribue des propriétés vénéneuses énergiques. Le bétail n'y touche pas tant qu'il est vert. Mêlé aux fourrages, il cause aux chevaux des convulsions mortelles ou la paraplegie. On assure que des enfants se sont empoisonnés avec la racine de la plante, dont le goût sucré les avait séduits.

Une autre variété, l'*œnanthe fistuleuse* (*œnanthe fistulosa*), qui ne diffère de la précédente que parce que les pétioles de ses feuilles sont fistuleux comme sa tige, et que ses fleurs jaunâtres sont disposées en ombelles, composées de trois ou quatre rayons soutenant chacun une ombellule plane et serrée, est également funeste aux bestiaux et aux hommes. Heureusement elle est moins commune que le fenouil d'eau et ne croît guère que dans les prairies.

L'*œnanthe safranée* (*œnanthe crocata*), la plus vénéneuse du genre, habite les marais. Elle se distingue par ses racines, composées de tubercules en forme de petits navets, réunis quelquefois au nombre de trois ou cinq. Sa tige est droite, cannelée, rameuse, d'un vert sale, haute d'un mètre, remplie d'un suc jaune ou couleur de safran; les feuilles sont grandes, d'un vert sombre, deux fois ailées, à folioles en forme de coin; les fleurs blanches, nombreuses, en ombelles de 20 à 30 rayons; le fruit est oblong, noirâtre.

Les naturalistes et les médecins s'accordent à dire que cette plante est un poison pour l'homme ; mais il n'est pas moins essentiel de la signaler aux cultivateurs comme une des plus pernicieuses qu'il y ait en Europe pour les bestiaux.

Quand on nettoie les fossés des prairies et que l'œnanthe à navets se trouve parmi les herbages que l'on rejette sur les bords, cette racine attire les bêtes à cornes, qui en mangent et meurent enflées en moins d'un quart d'heure, en poussant d'horribles mugissements.

Ce qu'il y a de singulier, c'est que la feuille paraît être inoffensive. Trente-six soldats du régiment de Berry, ayant cueilli dans les prairies de Belle - Ile - en - Mer des racines d'œnanthe, furent trompés par leur ressemblance avec la carotte et en mangèrent. Ils furent bientôt tous en proie aux symptômes qui accompagnent les plus violents poisons. Ils faisaient des efforts inouis pour vomir sans pouvoir y réussir, et leurs dents serrées empêchaient qu'on pût **leur** donner aucun soulagement. On put cependant les sauver en leur administrant des vomitifs, à l'exception d'un seul qui mourut au milieu des plus atroces douleurs. C'était précisément celui qui avait été pris le dernier par les efforts de vomissement.

Le docteur Vacher fut témoin d'un empoisonnement semblable sur sept soldats du régiment de Flandre, qui avaient mangé à Ajaccio une soupe préparée avec les feuilles et les racines de phellandre. Une heure après, un de ces soldats était déjà mort, un second expirait, et un troisième donnait pour tout signe de vie, des tremblements et des convulsions. C'est dans cet état que Vacher les trouva à sept heures du soir. On s'empressa de donner aux six qui vivaient encore de l'émétique et de l'huile d'olive par le haut. On put ainsi en sauver cinq.

Voici encore une observation : elle est de Bry, médecin à Angers. « Un homme âgé d'environ quarante ans, jouissant d'une parfaite santé, faisait défricher un pré sous ses yeux. Encore à jeun, il mangea, gros comme le doigt, d'une racine que ses ouvriers avaient trouvé en abondance en remuant la terre. C'était la racine de l'œnanthe safranée. A peine était-il rendu à son domicile, qu'il se plaignit d'un grande chaleur dans la gorge. Une demi-heure après, il perdit la parole, tomba sans connaissance, et fut pris de convulsions terribles, qui durèrent environ trois quarts d'heure et finirent par la mort, sans qu'il fût possible de lui administrer aucun secours, à cause de la contraction des muscles des mâchoires. » Je n'en finirais pas si je voulais transcrire tous les exemples que j'ai sous les yeux de soldats ou d'enfants emportés par une mort terrible et presque soudaine pour avoir imprudemment mangé de ces redoutables racines. Ce que j'en ai dit suffira, j'espère, pour faire tenir sur leurs gardes les plus avantureux.

CLÉMATITE. Très - recherchée pour les berceaux des jardins sous le nom de *viorne*, et par les mendiants sous celui d'*herbe aux gueux* (*clematis vitalba*), cette plante caustique croît spontanément en grande quantité dans les buissons, où ses tiges anguleuses, grimpantes, parcourent plusieurs mètres quand elles trouvent un appui.

Le sarment de la clématite n'a de feuilles que de loin en loin : elles sont toujours par paires, et de leur aisselle naît presque toujours un rameau. Cela rappelle le chèvrefeuille, et comme lui la plante se soutient à l'aide de vrilles. Quant à la fleur, elle est très-délicate, de quatre pétales grandement ouverts, d'un blanc verdâtre et d'une odeur mielleuse. Les semences forment, par la réunion de leurs aigrettes, des houppes argentées d'un très-gracieux effet.

C'est avec les feuilles et l'écorce de la clématite que ces gueux éhontés qui sollicitent la pitié, dans les fêtes de villages, avec un large ulcère à la jambe ou au bras, font paraître en quelques heures cette plaie artificielle. Il suffit pour cela de les hâcher menu et de les appliquer sur la peau.

La pratique coupable de ces misérables indique assez les propriétés caustiques de la plante. Il n'est pas douteux que prise à l'intérieur elle produirait des effets analogues. Les bestiaux qui la mangent dans les pâturages éprouvent des tranchées violentes et le flux dyssentérique.

On doit également inscrire parmi les plantes suspectes la *clématite des jardins* (*clematis integri folii*), à feuilles entières, d'un beau vert, et à fleurs bleues. Elle n'est pas plus inoffensive que la précédente. On rapporte que dans l'avenue du prince Eugène, un grand nombre de chevaux périrent d'un flux dyssentérique, après avoir mangé dans des prairies où croissait abondamment la clématite bleue.

ANÉMONE. — Autre espèce qui produit des fleurs charmantes pour les jardins, et des fourrages dangereux pour la santé des animaux.

CINQUIÈME ENTRETIEN

La *coquelourde* (*anemone pulsatilla*) est une plante fort gracieuse, commune surtout sur les collines et dans les pâturages secs. D'une souche ligneuse et noirâtre s'élève une tige grêle, cylindrique, couverte de duvet, et haute de trente à quarante centimètres, au sommet de laquelle est la fleur violette, grande, munie de pétales oblongs, entourant un bouquet d'étamines d'un beau jaune. Les feuilles sont radicales, plus ou moins velues et à découpures très-fines.

L'herbe du vent, comme disent les poëtes, avec son air mélancolique cache une grande causticité. Les feuilles dans leur état de fraîcheur sont délétères pour les bestiaux : elles enflamment et corrodent les membranes du tube digestif.

Les paysans ont l'habitude de s'entourer les poignets de feuilles pilées de coquelourde pour se guérir de la fièvre intermittente ; ces applications ne sont pas sans danger, et elles sont absolument incapables de produire ce qu'on leur demande.

L'anémone des prés (*anemone pratensis*), aussi âcre que l'espèce précédente, a comme elle une racine fibreuse et brunâtre, des feuilles attachées à de très-longs pétioles et finement découpées, une tige débile, velue, trop haute pour sa grosseur, d'un brun verdâtre, surmontée d'une fleur violet-foncé beaucoup plus petite que la précédente, à étamines d'or, comme elle, mais velue et se détachant d'une collerette de lanières inégales étroites et veloutées. Si on mâche l'herbe fraîche, elle enflamme toute la bouche et la fait enfler. Appliquée sur la peau elle y produit l'effet d'un vésicatoire. Il faut donc s'en méfier.

L'anémone sauvage (*anemone silvestris*) a quelque chose de beaucoup plus gai dans son aspect. Les fleurs sont plus larges, et quoique découpées en plusieurs lobes profonds elles ne sont point déchiquetées. La tige n'est presque point velue. Sa nuance est d'un beau vert, et la fleur, grande, composée de six pétales blancs, termine gracieusement la tige.

Cette anémone croît sur les collines, dans les haies, dans les bois. Ses feuilles sont très-âcres et vésicantes. Les bestiaux qui la broutent dans les pâturages en éprouvent des diarrhées sanguinolentes qui ont presque toujours une terminaison fatale.

Bullian rapporte que la décoction d'anémone sauvage a causé à un malade d'horribles convulsions. On lui avait fait prendre du lait et de l'huile sans aucun soulagement. Il fut sauvé en buvant une forte dissolution de miel dans de l'eau, qui amena la diarrhée.

L'*anémone silvie* (*anemone nemorosa*), qui ne se distingue guère de la précédente que par un feuillage plus foncé et la couleur rose de sa fleur, est généralement regardée comme une plante très-pernicieuse pour le bétail.

Les paysans en font des pommades contre la teigne, qui ne sont point sans danger et provoquent souvent des convulsions chez les enfants.

ADONIS. — Comme l'indique son nom, cette

plante (*adonis vernalis*), peu commune en France, si ce n'est dans les provinces méridionales, est fort gracieuse par sa fleur. Sa tige, peu élevée et grèle, est remarquable par le grand nombre de ses feuilles opposées et à découpures menues comme des lanières. Ses fleurs grandes rappellent celles de la reine Marguerite ; elles sont d'un beau jaune clair et composées de douze à quinze pétales oblongs. Toute la plante purge violemment. Les bestiaux l'évitent avec un soin particulier.

RENONCULES. — C'est une famille nombreuse et mal famée, dont la liste s'ouvre par la *renoncule scélérate* (*ranunculus sceleratus*), plante trop commune dans les marais et les prés humides.

Le nom de *mort aux vaches*, que lui ont donné les bergers, indique assez le cas qu'on en doit faire. C'est une plante qui n'attire point les yeux. Ses tiges rameuses, hautes d'un à deux pieds, ont des feuilles découpées en trois lobes arrondis, et de toutes petites fleurs jaunâtres, terminales, entre lesquelles l'épanouissement de l'ovaire forme une tête oblongue à brosses jaunes, comme la tête de loup dont se servent les ménagères pour épousseter.

Il suffit de mâcher les feuilles ou les fleurs de cette plante pour que la langue se couvre d'ampoules et que toute la bouche soit en feu. Une seule fleur a rendu malade un expérimentateur qui l'avait avalée pour en éprouver les effets. Un chien fut empoisonné avec seize grammes du suc qu'on en avait extrait. La renoncule scélérate est surtout funeste aux moutons. Mais il paraît que la fanaison lui fait perdre ses vertus délétères. Le lait serait le contrepoison le plus prompt à lui opposer.

Le *bouton d'or* (*ranunculus acris*), qui est si commun dans les prairies, où ses belles fleurs d'un jaune luisant portées sur de longs pedoncules reposent et attirent les yeux, passe pour être également vésicant et caustique.

Les médecins en font quelquefois usage; mais il faut éviter d'en ramasser des bouquets, parce que sa fleur et sa feuille écrasées sur la peau y font pousser de petites pustules qui deviennent bientôt de véritables ulcères.

La *renoncule bulbeuse* (*ranunculus bulbosus*), que les paysans nomment *rave de Saint-Antoine*, est une plante vivace, peu élevée, qui ressemble à la précédente par son port de feuille et sa fleur; mais elle en diffère par une racine bulbeuse assez grosse.

On la trouve partout dans les prés et le long des haies. Elle égale la renoncule scélérate en causticité. Le bulbe passe pour la partie la moins vénéneuse; mais elle l'est encore assez pour avoir pu empoisonner quelques enfants gourmands, à telle enseigne que des apothicaires de village ont pu s'en servir à l'extérieur pour remplacer l'emplâtre de cantharides quand elle leur manquait.

Une autre variété à grandes fleurs d'un beau jaune, remarquable par sa taille élevée et par ses feuilles longues, pointues, embrassantes, étroites et finement poilues, la *renoncule langue* (*ranun-*

culus lingua), connue sous le nom vulgaire de *grande douve* et commune dans les marécages, possède les mêmes propriétés générales, et cause le même dommage au menu bétail que la faim pousse à en manger.

Enfin, la *renoncule flammette* (*ranunculus flammula*) ou *petite douve*, également commune dans les marais; la *renoncule des champs* (*ranunculus arvensis*), qui malgré sa petite taille infecte les blés, et la *renoncule aquatique* (*ranunculus aquatilis*), toutes les renoncules, en un mot, sont à des degrés divers funestes aux bestiaux, et doivent être considérées comme suspectes et nuisibles même aux hommes.

Je recommande, en finissant, aux bergers de se méfier, au printemps surtout, des pâturages où abondent les renoncules. Les bestiaux affamés d'herbe fraîche mangent souvent sans discernement une plante dont il n'est pas rare de voir les ravages s'étendre sur des troupeaux entiers.

SIXIÈME ENTRETIEN

Hellébore. — Staphysaigre. — Aconit. — Actée en épi. — Populage. — Pavot. — Chélidoine. — Rue. — Joubarbe. — Laurier-cerise. — Cerisier à grappes. — Mérisier. — Pêcher. — Amandier. — Fusain. — Nerprun. — Redoul.

Nous étions arrivés au milieu de l'été. C'est la saison de l'année où toutes les plantes sont en fleur et où il suffit de se baisser pour en ramasser des gerbes aussi curieuses par la diversité de leurs couleurs que par la différence de leurs propriétés et de leurs usages. Mme Durand, qui depuis longtemps nous pressait de faire un herbier, crut devoir consacrer toute la première partie de sa leçon à nous indiquer la manière de le disposer et d'y conserver la collection des plantes que nous avions étudiées ensemble.

« Il faut d'abord, nous dit-elle, choisir des échantillons bien venus, complets et en pleine floraison. Les feuilles et les racines ne doivent pas être plus négligées que les fleurs. Il est bon d'avoir plusieurs échantillons de chaque sorte, pour choisir après la dissécation le mieux réussi.

» La dissécation se fait à l'ombre, entre des feuilles de papier non collé. On empile successivement plusieurs couches de papier et de plantes rangées avec goût ; puis on pèse légèrement d'abord, plus fortement ensuite, en ayant soin de changer les matelas de papier tous les jours. Dans les plantes grasses on active la dissécation en ayant la précaution de les plonger dans l'eau bouillante avant de les mettre en presse.

» Quand les échantillons sont bien secs, il importe de les classer méthodiquement. On consacre une feuille double de papier à chaux et l'on y colle une petite étiquette. On les dispose ensuite par familles botaniques, c'est-à-dire dans l'ordre que nous avons suivi jusqu'ici pour les décrire, et plaçant un' fort carton en dessus et au-dessous de la pile, ou deux planchettes exactement de la grandeur du papier, on les paquette au moyen d'une courroie bouclée à chaque extrémité.

» On peut ainsi conserver des échantillons de plantes fort longtemps, en ayant soin de tenir l'herbier dans un lieu sec, et de le défaire de temps en temps pour exposer les feuilles un instant au soleil et les débarrasser des insectes parasites. »

Mme Durand compléta sa description en nous mettant sous les yeux un des cartons de l'herbier du docteur, où les plantes étaient parfaitement conservées depuis vingt ans : après quoi elle reprit la série de ses leçons par l'hellébore.

HELLÉBORE. — Ce nom rappelle la sorcellerie, les sorts, les philtres mystérieux, à cause de l'abus qu'on a fait des propriétés des plantes de cette famille pour servir les passions contre les gens crédules. On en distingue plusieurs espèces.

L'*hellébore noir* (*helleborus niger*), vulgairement *rose de Noël*, qui ne se rencontre guère en France que dans les jardins, a une racine vivace, noirâtre, très-grosse. Ses feuilles sont radicales, grandes, luisantes, d'un vert foncé, divisées en huit ou neuf digitations et ouvertes comme une main. Les tiges sont nues, verdâtres, piquetées de noir, terminées par une ou deux grandes fleurs d'un blanc légèrement verdâtre teint de rose sur les bords.

L'hellébore noir est également funeste aux hommes et aux animaux. Les médecins, qui lui trouvent quelques propriétés thérapeutiques, ne l'emploient qu'avec d'extrêmes précautions. On cite peu d'exemples d'empoisonnements par l'hellébore, parce que son aspect étrange éveille l'attention.

Cet accident, quand il a lieu, se manifeste par le vomissement, les vertiges, les mouvements convulsifs et l'inflammation du canal alimentaire. On lui oppose avec succès, dit le docteur Valkiers, les jaunes d'œuf battus dans l'alcool et l'eau d'orge.

L'*hellébore vert* (*helleborus viridis*), qui habite les lieux ombragés et pierreux, jouit des mêmes propriétés. Il a également des feuilles glabres, grandes, profondément divisées comme une main, dentées en scie ; les fleurs sont terminales, à cinq lobes, verdâtres avec les étamines de la même couleur.

L'*hellébore fétide* (*helleborus fœtidus*), à tige cylindrique, forte feuillée d'un vert blanchâtre, à feuilles luisantes, fourchues, à fleurs verdâtres, bordées de rouge, inclinées, soutenues par des pédoncules pubescents qui les rattachent au sommet de la tige, se rencontre partout dans les campagnes pierreuses et à l'orée des bois. Le feuillage sombre, l'odeur repoussante, la saveur âcre de cette plante annoncent si bien un poison qu'on a rarement lieu d'observer des accidents qui lui soient dus.

L'*hellébore blanc* n'est pas de la même famille

que les précédents, quoiqu'il en porte le nom. C'est le *verâtre* (*veratrum album*) des auteurs. Sa tige, simple, droite, cylindrique, s'élève à la hauteur d'environ un mètre, et se termine par un panicule de fleurs d'un blanc verdâtre, à six divisions. Les feuilles sont longues, ovales, lancéolées. Il abonde dans les montagnes. Sa racine charnue, fusiforme, produit, quand on la mâche, un sentiment de feu et excite les vomissements. Toute la plante est funeste aux animaux, et l'on prétend que les Espagnols trempaient leurs flèches dans son suc pour les rendre mortelles. Un des poisons les plus énergiques, la *veratrine*, s'extrait de la décoction de verâtre. Il faut donc avec un soin minutieux l'éloigner des cultures et des jardins.

J'en dirai autant de l'*hellébore d'hiver* (*helleborus hyemalis*), petite plante à feuilles radicales, à tige nue, terminée par une collerette de folioles d'un beau vert, au-dessus de laquelle se dresse une fleur jaune disposée comme celle des anémones. Elle croit dans les lieux sombres et partage l'action énergique des autres hellébores.

STAPHYSAIGRE. — Le *delphinicum staphysagria* des botanistes, qui porte dans le peuple le nom vulgaire *d'herbe aux poux*, et sert de base à la *poudre des capucins*, est une plante de moyenne taille, peu rameuse, légèrement velue, à grandes feuilles alternes pétiolées, profondément divisées, avec des fleurs d'un bleu pâle, disposées en grappe au sommet de la tige et des rameaux, et formées de cinq lobes autour d'une multitude d'étamines. La semence est triangulaire et brunâtre. La staphysaigre ne croît naturellement que dans le midi de la France. Elle a la réputation d'un poison violent pour l'homme et les animaux.

On l'emploie quelquefois en poudre pour faire promptement vomir les chiens qui ont avalé des boulettes empoisonnées. Les gens du peuple en saupoudrent la tête des enfants pour faire mourir les poux. Mais cette pratique même n'est pas sans danger.

SIXIÈME ENTRETIEN

ACONIT, aussi nommé *coqueluchon* ou *tue-chien*. — Cette plante (*aconitum napellus*) croît dans toute l'Europe, particulièrement dans les lieux ombragés des Alpes et des Pyrénées. On la cultive dans les jardins pour la beauté de ses fleurs qui se montrent comme de belles grappes allongées d'un bleu charmant, et dans la forme originale d'un casque, au sommet de ses hautes tiges. Les feuilles sont d'un vert foncé, alternes, pétiolées, partagées jusqu'à la base en cinq ou six lobes découpés eux-mêmes en minces lanières.

Cette plante est très-vénéneuse. On pourra lire dans les *Récréations d'un éleveur d'abeilles* [1] le récit de l'empoisonnement de trois jeunes bergers par du miel qui avait été recueilli sur les fleurs d'aconit. Voici un autre exemple que j'emprunte aux Mémoires du baron Larrey : « Nous fîmes avaler un demi-gramme d'extrait d'aconit à un chien épagneul de moyenne taille adulte. Il s'assoupit peu

[1] Lille, in-12, chez L. Lefort.

de moments après, s'éveilla en sursaut, jeta quelques cris, grinça des dents, s'agita en tout sens, éprouva des mouvements convulsifs, et tomba dans un assoupissement léthargique, interrompu à des distances plus ou moins éloignées par des soubresauts dans les membres. Le lendemain matin, nous le trouvâmes mort et raide, les membres étendus, les mâchoires serrées et le ventre ballonné. »

Le *Courrier anglais* de 1822 raconte un fait non moins concluant. « Une dame anglaise avait invité sa nombreuse famille à dîner, le jour de Noël. Au moment de se mettre à table, quelqu'un ayant parlé de raifort, elle envoya un de ses domestiques en chercher dans le jardin en lui indiquant le lieu où il en trouverait. Celui-ci cueillit par méprise la racine d'aconit. Pendant le dîner, on fit quelques observations sur le goût du prétendu raifort. Toutefois on ne se douta point de l'erreur jusqu'au moment où la dame de la maison se plaignit de malaise et de faiblesse dans les jambes.

Bientôt après elle éprouva des maux de cœur qui furent suivis de vomissements. A l'arrivée du médecin, la malade était très-agitée et couverte d'une sueur froide. Son cœur avait cessé de battre. Il survint ensuite de fortes convulsions. Les spasmes ayant cessé un instant, on lui administra l'émétique ; mais le remède et tous les secours furent vains, elle expira dans la nuit. Ceux des autres convives qui avaient goûté de la même racine furent également malades, mais ils n'en moururent pas. »

On trouve des faits analogues dans les *Commentaires de Mathiole*, dans les *Transactions philosophiques*, etc.

Il existe une autre espèce d'aconit, dans les montagnes de l'Alsace et de l'Auvergne, qui diffère du précédent en ce que ses fleurs sont jaunes et ses feuilles très-grandes. On le nomme *tue-loup* (*aconitum lycoctonum*), nom qui lui vient de ce que les chasseurs de Grenade empoisonnaient leurs flèches avec son suc avant de partir pour cette chasse. Cette plante est, comme la précédente, vénéneuse pour l'homme et pour les animaux.

ACTÉE EN ÉPI. — C'est une plante vivace, herbacée, peu rameuse, de petite taille. Sa tige est nue en bas et porte des fleurs en petit nombre, de grandes feuilles longuement pétiolées, d'un vert foncé en dessus, blanchâtre en dessous. Les fleurs sont petites et sont disposées en épi (*actea spicata*; il leur succède un baie noire en grappes comme des raisins.

L'actée jouit de propriétés vénéneuses très-énergiques. La saveur est âcre et amère; ses feuilles froissées répandent une odeur désagréable. L'action de sa racine est comparée à celle de l'hellebore; les baies sont un poison pour les chiens et les enfants; toute la plante fait mourir les poules et les autres oiseaux de basse-cour. On la rencontre dans les bois touffus. Les paysans la nomment *herbe de St Christophe*.

SIXIÈME ENTRETIEN

POPULAGE. — Le *populage des marais* (*caltha palustris*), plante dont la fleur ressemble à celle du bouton d'or avec cette différence qu'elle est plus grande, et dont la feuille cordiforme, engaînante, a quelque analogie avec celle du cabaret, doit également être rangé parmi les poisons âcres. Il est fort commun dans les lieux marécageux et les pâturages humides. C'est surtout quand la plante est jeune et pendant la floraison qu'il faut s'en méfier.

PAVOT (*papaver somniferum*). — On distingue deux variétés de pavots, le *pavot blanc* et le *pavot noir*, ainsi nommés de la couleur de leur graine. Tout le monde connaît cette plante célèbre depuis l'antiquité, et d'où se retire un des agents les plus précieux de la matière médicale, l'*opium*. La tige est droite, cylindrique, haute de plus d'un mètre ; les feuilles glabres embrassantes, incisées, dentées ; les fleurs grandes terminales, minces, colorées en toutes nuances depuis le blanc jusqu'au rouge pourpre. L'onglet des pétales est marqué d'une tache violette. Son fruit a une forme particulière, celle d'une coupe couverte, et ses graines donnent une huile douce sans goût et sans danger, très-répandue dans le commerce sous le nom d'huile blanche ou d'*œillette*.

Il ne m'appartient pas de décrire comment on retire l'opium des capsules de pavots ; je dois seulement dire que les propriétés narcotiques de cette plante résident dans un suc laiteux très-amer que contiennent ses tiges, ses feuilles et ses capsules.

Il est rarement question dans les journaux d'empoisonnement par le pavot ; cependant, comme c'est un remède vulgaire que l'on emploie le plus souvent sans consulter le médecin, il est bon que chacun soit prémuni contre les dangers qui pourraient résulter de l'usage d'une décoction trop concentrée de ses capsules, ou de l'emploi maladroit de son suc à l'état frais.

Quant à l'empoisonnement par l'opium, tout le

monde sait à quoi s'en tenir sur ce médicament, qui est d'une très-grande activité, mais dont la description sort de notre sujet.

CHÉLIDOINE. — La plante vulgairement connue sous le nom de *grande éclair* (*chelidonium majus*) mérite aussi de nous arrêter un instant à cause du suc épais et jaunâtre qu'elle laisse échapper en grande quantité quand on la brise, et dont les propriétés corrosives bien connues doivent mettre en garde contre son usage.

C'est une herbe très-commune dans les fentes des vieux murs et les décombres. Les paysans l'emploient pour guérir les verrues. Les médecins en font rarement usage. Elle se reconnaît à une racine pyriforme d'un jaune foncé ; des tiges cylindriques rameuses velues ; des feuilles alternes, molles, découpées à lobes arrondies, et des fleurs jaunes à quatre pétales. Le fruit ressemble à la silique du chou.

La *chélidoine glauque* (*chelidonium glaucum*), et

la *chelidoine rouge* (*chelidonium cormeulictum*), passent également pour des plantes suspectes.

RUE (*ruta graveolens*). — La rue croît spontanément dans les lieux arides des provinces méridionales de la France. C'est un arbuste peu élevé, à tige rameuse, d'un vert glauque, les feuilles alternes d'un vert clair, ailées, à folioles cunéiformes et petites. Les fleurs sont d'un jaune verdâtre, en corymbe.

Cette plante se fait remarquer par une odeur forte, repoussante, et une saveur amère. Elle possède une réputation méritée d'homicide. Employée pour de criminelles manœuvres, elle a souvent procuré la mort des femmes qui cherchaient en elle un complice pour couvrir leur honte. L'huile volatile qu'elle renferme est tellement active qu'une très-petite quantité suffit pour congestionner les voies alimentaires et y produire de mortelles inflammations. Les médecins eux-mêmes ne doivent l'employer qu'en tremblant.

SIXIÈME ENTRETIEN

JOUBARBE. — On distingue deux sortes de joubarbe, la grande et la petite. L'une et l'autre croissent sur les vieilles toitures et les murailles en ruines.

A la *grande joubarbe* (*sempervivum tectorum*), remarquable par ses feuilles grasses et ses fleurs roses, on n'a guère autre chose à reprocher que d'avoir un certain commerce avec les sorciers.

Il n'en est pas de même de la *vermiculaire* ou *petite joubarbe* (*sedum acre*), à fleurs jaunes presque sessiles. Toutes ses parties ont une saveur caustique, et il n'y a pas à douter de ses propriétés vénéneuses. Il est vrai, dit-on, qu'elle rachète une partie de ses torts en rendant quelques services dans le traitement du cancer.

LAURIER - CERISE. — Ce bel arbrisseau (*cerasus lauro - cerasus*), naturalisé dans le midi de la France, a une tige élevée, divisée en rameaux nombreux d'une belle couleur verte. Ses feuilles alternes, oblongues, luisantes, épaisses, rappellent celles du laurier-rose ; les fleurs sont blanches, en grappes, axillaires, et donnent naissance à des fruits ovoïdes, noirâtres, qui ressemblent à la cerise.

Les feuilles et les fruits de cet arbrisseau ont le goût de l'amande amère, et jouissent des propriétés vénéneuses dues à la présence de l'acide prussique.

Les *Transactions philosophiques* rapportent plusieurs exemples d'empoisonnements sur les animaux, produits par les expérimentateurs avec l'eau distillée du laurier-cerise. Plusieurs enfants que la gourmandise avait poussés à manger des fruits de cet arbrisseau en guise de cerises, ont payé de leur vie leur imprudence. Il paraît même que l'infusion des feuilles dans le lait ou la bouillie devient malfaisante lorsqu'elle est trop chargée.

Un particulier de Toulouse faillit mourir pour avoir mangé une *cruchade* que la profusion de ces feuilles avait rendue amère. Un médecin de Paris, et avec lui plusieurs autres personnes, furent très-incommodés d'une soupe au lait aromatisée de la même manière.

En somme, il faut bien recommander aux cuisinières de ne jamais employer plus d'une ou deux feuilles à leurs préparations de laitage et de ne jamais s'en servir pour autre chose, le lait étant lui-même le contrepoison de l'acide prussique.

CERISIER A GRAPPES. — Le *prunus padus* des auteurs, cerisier qui croît dans les bois, donne des grappes de fleurs blanches au printemps, et ensuite de petites cerises noirâtres d'une saveur amère, jouit des mêmes propriétés et mérite la même méfiance que le laurier-cerise.

MÉRISIER. — N'est-ce pas aussi à l'acide prussique que doivent leurs propriétés les noyaux du mérisier (*cerasus avium*), avec lesquels on prépare le kirch-wasser, boisson agréable peut-être à certains estomacs, mais qui ne manque point de dangers ?

PÊCHER (*persica vulgaris*). — On sait qu'en Orient

le pêcher est considéré comme un poison. Si cette opinion n'est pas vraie pour le fruit, elle l'est en partie pour l'écorce, les feuilles et les amandes. Le docteur Bertrand raconte avoir vu périr dans des convulsions affreuses accompagnées de selles sanguinolentes un enfant de dix-huit mois à qui la mère avait donné comme vermifuge une décoction de feuilles fraîches de pêcher.

AMANDIER. — Une variété de l'*amandier commun* (*amygdalus communis*), celle qui produit des amandes amères, mérite aussi qu'on s'en méfie.

L'amande amère est un violent poison pour un grand nombre d'animaux et même pour l'homme.

Un docteur allemand rapporte le fait de trois enfants qui, ayant mangé chacun cinq ou six amandes amères, en furent très-gravement incommodés. Environ cinq minutes après, la plus jeune se plaignit d'un malaise qui fut bientôt suivi de violents efforts pour vomir. Elle rendit ce qu'elle avait mangé à son déjeuner ; c'était du pain et du beurre qui n'avaient encore subi aucune altération. Peu après elle perdit connaissance. Tandis que ses parents étaient occupés à la secourir, la fille aînée, qui jusqu'à ce moment n'avait rien éprouvé, tomba tout à coup sur le dos et eut des convulsions si violentes qu'on la prit pour une attaque d'épilepsie, maladie à laquelle elle avait été sujette. On la releva, et bientôt elle eût, ainsi que sa sœur, de violents vomissements. Elle ne tarda pas beaucoup à revenir à elle - même, mais il lui resta un étourdissement qui ne se dissipa que trois jours après. Le petit, qui était plus robuste que ses sœurs, fut moins malade qu'elles.

Cet exemple entre mille prouve combien il est imprudent de laisser ces semences entre les mains des enfants, et avec quel soin il faut se garder d'abuser des liqueurs où elles entrent en assez grande proportion.

FUSAIN. — Le *fusain d'Europe* (*evonymus europeus*) est un grand arbrisseau très-commun dans les haies et dans les bois. Ses branches, surtout les terminales, sont quadrangulaires, verdâtres, garnies à distances égales de sortes de nœuds d'où s'échappent des feuilles opposées et de jeunes pousses. Les feuilles sont ovales, lancéolées et petites ; les fleurs petites également, blanchâtres, disposées plusieurs ensemble sur des pédicules rameux. La partie la plus distinctive est le fruit qui, d'un beau rose, semble formé par l'accolement de quatre capsules distinctes. On assure que les pousses de fusain donnent la mort aux bestiaux, particulièrement aux moutons.

NERPRUN. — Cet autre arbrisseau est bien plus redoutable que le précédent. Il habite les bois, les taillis, les haies. Sa tige est très-rameuse, et les rameaux, souvent opposés, couverts d'une écorce fine et noirâtre. Ses feuilles ovales, d'un vert foncé, sont couvertes de nervures parallèles et convergentes ; ses fleurs, petites, jaunâtres, sans éclat, sont ramassées en bouquets dans les aisselles des feuilles ; les fruits sont de petites baies rondes, noirâtres.

SIXIÈME ENTRETIEN

Les propriétés purgatives du nerprun sont connues partout. On l'emploie en médecine, en sirop
ou autrement. Mais il faut bien se garder d'y recourir inconsidérément et sans conseil. Je me sou-
viendrai toujours qu'étant enfant, je mis un jour
une baie de nerprun dans ma bouche et la mâchai.
De ma vie je n'ai senti pareil feu dans ma gorge,
et pendant une demi-journée je fus tourmentée
d'envies de vomir sans pouvoir être soulagée d'aucune façon. Je désire que mon expérience puisse
servir de leçon à ceux qui seraient tentés de m'i-
miter.

On donne vulgairement dans les campagnes au
nerprun le nom de *bourdaine* (*rhamnus*).

REDOUL (*coriaria myrtifolia*). — Cette plante ne
se rencontre que dans le Midi ; elle a la forme d'un
petit arbrisseau. Ses rameaux, épais et flexibles,
sont couverts de feuilles opposées et ovales qui présentent l'aspect du myrte. Ses fleurs forment de
petites grappes roses au sommet des rameaux ; elles

ont une forme particulière qu'on n'oublie pas après l'avoir vue. Le fruit est une baie noirâtre.

D'après les expériences du professeur Sauvage, de Montpellier, le rejeton et les fruits sont un poison pour les chevaux et pour l'homme.

On lit dans les *Mémoires de l'académie des sciences* qu'un homme pressé par la soif mangea des baies de redoul, et qu'au bout d'un quart d'heure il fut atteint de vertige et tomba dans de grandes convulsions. On lui donna de l'émétique, qui lui fit rejeter dix baies de redoul ; mais il n'en fut pas soulagé et mourut au milieu de nouvelles attaques.

On voit par cet exemple combien cette plante est dangereuse. Elle l'est surtout pour les enfants, à cause de ses baies, qui, par leur forme, leur couleur et même leur saveur, ressemblent beaucoup aux mûres de ronces sauvages.

SEPTIÈME ENTRETIEN

Euphorbe. — Ricin. — Bryone. — Coloquinte. — Chanvre. — Genevrier. — If.

Mes enfants, nous dit Mme Durand en commençant cet entretien, nous n'avons plus qu'un petit nombre de plantes à étudier ensemble pour avoir épuisé la liste des principales espèces pernicieuses qui croissent dans notre pays : efforcez-vous d'en bien classer les noms et les propriétés dans votre mémoire, contemplez-les dans votre herbier ; exercez votre esprit à en reconnaître la forme, le port, la couleur, et à chaque fois que dans vos promenades vous en rencontrerez une, ne laissez point passer l'occasion de vous la nommer à vous-même. Toutes ces choses s'oublient vite, il faut y revenir souvent.

12*

La mémoire est comme l'acier : il ne suffit pas de l'avoir poli une fois, il faut encore l'entretenir par des soins de chaque jour, sous peine de le voir bientôt se couvrir de rouille.

EUPHORBE. — Nous ouvrons cette dernière conférence par une plante dont la réputation funeste est depuis bien longtemps établie : c'est l'*épurge* (*euphorbia lathyris*). Elle est très-facile à reconnaître, et se trouve en abondance le long des haies et dans le voisinage des vieilles habitations. Sa tige, haute souvent d'un mètre, est ferme, cylindrique, lisse, d'un vert rougeâtre et rameuse seulement au sommet. Les feuilles, dépourvues de pétiole, sont allongées, lancéolées, disposées sur quatre rangs et d'un vert très-foncé. Les quatre rayons du sommet se terminent par autant de fleurs d'un vert blanchâtre disposées en ombelle quadrifide ; le fruit est une capsule à trois lobes renfermant des graines grosses, brunes, qui sont très-fortement purgatives.

Toute la plante est lactescente, et à ce titre elle

doit déjà être regardée comme suspecte ; mais c'est surtout du fruit qu'il faut se méfier. Les paysans, qui l'emploient comme remède parce qu'ils l'ont sous la main, ne se doutent pas de l'imprudence qu'ils commettent. On a vu plusieurs individus succomber à une inflammation des intestins après avoir avalé seulement cinq ou six capsules d'é-purge.

Autrefois on se servait beaucoup dans les pharmacies d'huile d'épurge pour les purgatifs ; mais la plupart des médecins y ont renoncé, à cause de l'infidélité des résultats.

Une autre espèce d'euphorbe, que l'on a sur-nommée *réveille-matin* (*euphorbia helioscopia*) à cause de son action irritante sur les yeux, est très-commune dans les champs et les potagers. C'est une petite herbe verdâtre à feuilles alternes, glabres, spatulées ; les fleurs sont de la couleur des feuilles, les semences brunes. Elle jouit des mêmes propriétés que la précédente. Le lait qui coule de sa tige, imprudemment appliqué sur les yeux à plusieurs fois, fait perdre la vue.

Une troisième variété, l'*euphorbe cyparisse* (*euphorbia cyparissias*), est remarquable par ses feuilles découpées à lanières comme celles du cyprès, et par les rameaux nombreux qui, à son sommet, se couvrent de fleurs et forment un bouquet jaunâtre qui n'a rien de séduisant. Cette plante, abondante dans les pâturages, fait périr les moutons. Elle n'est, pas plus que les précédentes, sans danger pour l'homme.

L'euphorbe des bois (*euphorbia sylvatica*) a un autre aspect qui est également caractéristique. D'une touffe de feuilles ovoïdes allongées, à nervure médiane rouge, se dresse une tige assez haute, parsemée dans toute sa longueur de fleurs vertes de forme orbiculaire avec un point rouge au milieu. Cette plante est très-commune dans les lieux boisés du centre de la France. Elle renferme, comme ses sœurs, un suc très-âcre.

L'*euphorbe des marais* (*euphorbia palustris*), à tige cylindrique ferme, verte, haute d'un mètre, à feuilles oblongues lancéolées, partagées par une nervure blanche, à fleurs d'un vert jaunâtre, formant une ombelle très-large à son sommet, n'est, dit-on, inoffensive que pour les chèvres. Mais les autres animaux et l'homme en sont aussi violemment incommodés que des espèces précédentes.

RICIN (*ricinus communis*). — Arbre élevé dans les pays chauds, le ricin n'est dans nos climats qu'une plante herbacée, annuelle, de la hauteur d'un à deux mètres. Sa tige est très-grosse, comme celle du fenouil, elle est rameuse et d'un vert rougeâtre, surtout à l'extrémité des rameaux. Les feuilles sont amples, d'un vert sombre, palmées. Leurs découpures rappellent celles du marronnier d'Inde. Les fleurs sont disposées en épi terminal d'un très-bel aspect, à cause de la différence de couleur des étamines qui sont jaunes en masses floconneuses, et des styles qui sont d'un rouge vif. Les fruits sont verdâtres à trois coques réunies, renfermant des semences brunes mouchetées de noir.

Tout le monde sait que les semences de ricin servent à faire une huile qui est très-employée en médecine comme purgatif. Mais ce que tout le monde ne sait pas, c'est que le fruit pris dans son entier possède une propriété purgative infiniment plus grande que celle de l'huile, et qui est probablement due à l'enveloppe. Un docteur qui exerce en Algérie a rapporté devant moi plusieurs cas de mort survenus sur des individus qui avaient voulu se purger en avalant seulement trois ou quatre graines de ricin. C'est un point de l'histoire de cette plante qu'il est bon de ne pas oublier. Les vomitifs et le lait sont les remèdes qu'il faut se hâter d'administrer dans les empoisonnements causés par ces graines, comme dans la plupart des cas précédents.

BRYONE. — La bryone est commune dans les

haies autour des villages (*brionia dioïca*). On la reconnaît à sa grosse racine qui porte le nom de *navet du diable*, à ses tiges grises, longues, velues, qui grimpent comme le houblon, à ses larges feuilles anguleuses, palmées, rudes au toucher, garnies de vrilles, et à ses fleurs petites, en grappes blanchâtres, auxquelles succèdent des baies d'un rouge vif grosses comme des senelles.

Les médecins prescrivent quelquefois la racine de bryone en tisanes; mais l'âcreté et les propriétés irritantes de toute la plante doivent tenir en garde ceux qui seraient tentés de l'employer imprudemment et sans conseil.

COLOQUINTE. — Je n'ai pas besoin de décrire la *coloquinte* (*cucumis colocynthis*) : c'est une citrouille en petit. Ses tiges grêles, cannelées, hérissées de poils, ses feuilles profondément découpées et velues, ses petites fleurs jaunes évasées en cloche, et le fruit globuleux de la grosseur d'une orange qui leur succède, sont connus de tous les enfants. Mais ce que beaucoup ignorent et ce qu'ils doivent savoir, c'est que ce beau fruit, qui du reste est très-amer, contient un poison violent.

Une ouvrière, raconte Roques, prit pour se purger une demi-tasse de vin blanc dans lequel elle avait fait infuser pendant la nuit environ les deux tiers d'une pomme de coloquinte. Une demi-heure après elle fit de vains efforts pour vomir, et il lui survint des douleurs d'estomac si aiguës qu'elle perdit connaissance. On lui fit avaler abondamment du thé. L'irritation parut se calmer ; mais elle fut bientôt suivie de coliques atroces, de crampes dans les extrémités inférieures, et enfin de déjections teintes de sang. Le médecin appelé lui prescrivit une potion d'extrait d'opium dans de l'eau de laitue qui la soulagea : mais elle resta malade pendant plus de six semaines.

CHANVRE (*cannabis sativa*). — Le chanvre, que nous cultivons en France pour les besoins domestiques afin d'en faire de la toile et des cordes, porte comme on sait une graine appelée chenevis fort estimée des pigeons ; mais cela n'empêche pas que la plante entière répande une odeur vireuse, désagréable, qui peut causer des vertiges et une sorte d'ivresse, lorsqu'on reste exposé quelque temps à son influence.

L'eau dans laquelle rouit le chanvre serait dangereuse à boire. Il ne conviendrait pas non plus de coucher dans une grange où l'on a entassé la récolte, ou d'y laisser coucher les bestiaux.

Quant à l'usage interne de cette affreuse pâte que l'on prépare avec ses sommités fleuries et que les Orientaux nomment *haschich*, ou la funeste coutume arabe de fumer ses feuilles sous le nom de *kif*, sous prétexte que l'une ou l'autre de ces préparations donne de doux rêves qui font oublier les chagrins de la vie, ce sont des habitudes meurtrières qui, grâce à Dieu, n'ont pas encore pénétré chez nous.

GENEVRIER (*juniperus communis*). — Les baies

du genevrier commun, quand elles sont mûres, deviennent rougeâtres et sont fort recherchées des grives et des renards; mais elles ont une saveur chaude, aromatique, qui leur donne une très-grande propriété stimulante qui amènerait promptement l'inflammation des organes digestifs de l'homme.

Chacun sait les effets déplorables que la liqueur préparée avec ces baies, sous le nom de *gin*, et très-répandue en Angleterre, produit sur la santé de la population ouvrière, habituée à y chercher l'oubli de ses peines et de ses fatigues. Les malheureux qui s'adonnent à cette boisson ne tardent pas à perdre l'appétit, à maigrir et à tomber dans le marasme qui conduit à la mort.

IF. — L'*if commun* (*taxus baccata*), dont on a coutume de décorer les cimetières, les jardins, est un arbre qui vit très-longtemps et finit par acquérir des dimensions énormes. Sa tête touffue forme un cône arrondie d'un beau vert qui persiste en toute saison, grâce à la consistance de ses feuilles linéaires dont la disposition sur les rameaux rappelle celle des dents d'un peigne. Les fleurs sont peu apparentes; mais le fruit est d'un rouge vif qui attire l'attention et peut tenter la gourmandise.

Les qualités vénéneuses de l'if ont été signalées dès les temps anciens. Plusieurs exemples cités par les journaux ont prouvé qu'il suffisait d'une petite quantité de ses feuilles pour faire mourir les chevaux; et le vétérinaire Bredin, ayant voulu vérifier le fait, fit manger cent grammes de feuilles d'if à un cheval qui mourut sans convulsions au bout d'une heure. Valmont de Bomare rapporte également qu'un paysan ayant attaché son âne dans une cour où il y avait une palissade d'ifs, l'animal pressé par la faim brouta quelques rameaux qui étaient à sa portée. Lorsque le maître vint pour prendre son âne, il le vit tomber à terre et mourir subitement tout enflé. Si nous examinons l'action de l'if sur l'homme, nous trouvons des faits analogues. « D'après le témoignage de Percival, trois enfants à qui l'on avait donné à sept heures du matin une cuillerée de poudre de feuilles d'if en trois doses, à titre de vermifuge, éprouvèrent, deux heures après, des frissons, des bâillements, une propension continuelle au sommeil et des défaillances. Deux de ces enfants ne donnèrent aucun signe de douleur. Le troisième éprouva des vomissements et des tranchées. Tous les trois périrent dans la journée. Un autre enfant mourut couvert de taches livides après avoir mangé des baies d'if.

Ce poison agit à la manière des narcotiques; on doit lui opposer des vomitifs assez puissants pour l'expulser hors du corps, et ensuite les boissons acides.

Arrivée à ce point de son discours, notre vénérable institutrice parut visiblement embarrassée. Elle tournait sans rien dire les feuilles d'un gros herbier étalé devant elle, regardait les échantillons, secouait la tête et soupirait involontairement.

Enfin elle reprit : « J'ai achevé, mes enfants, de vous décrire les plantes proprement dites vénéneuses qui croissent le plus habituellement dans nos pays. J'en ai peut-être bien oublié quelques-unes. Mais je ne le pense pas. Il me resterait, pour achever la douce tâche que je m'étais imposée en commençant ces entretiens, à vous faire maintenant connaître une classe de plantes qui, sans être dangereuses pour la vie, sont funestes à l'agriculture, soit parce qu'elles sont dédaignées des bestiaux, soit parce que leur multiplication rapide gêne et étouffe celles dont la croissance serait plus avantageuse. Mais je dois avouer que cette classe m'est bien moins familière que la précédente. A tort ou à raison, les femmes s'occupent peu d'agriculture. J'avais espéré que le docteur se chargerait de vous faire cette dernière leçon. C'était une espérance vaine ; car le nombre de ses malades ayant beaucoup augmenté depuis le commencement de l'automne, il ne lui reste pas un moment à lui. Je serai donc obligée, en m'aidant de ses herbiers et de ses livres, d'achever moi-même ce que j'ai si imprudemment commencé. Vous voyez que si ma science est mince, ma bonne volonté est à toute épreuve. A jeudi donc pour cette dernière leçon. »

HUITIÈME ENTRETIEN

Prêle. — Fougères. — Laîche. — Joncs. — Chiendent. — Rumex. — Plantain. — Rhinante. — Cuscute. — Chardons et circes. — Chrysanthème. — Gui. — Berce. — Bugrane. — Mercuriale. — Nielle des blés.

PRÊLE. — En suivant, comme nous avons fait jusqu'ici, l'ordre des classifications botaniques, nous trouvons la prêle (*equisetum arvense*), vulgairement appelée *queue de cheval*, *queue de renard*, en première ligne parmi les plantes dont la multiplication doit être arrêtée par les soins du cultivateur.

Le port original de cette herbe la rend facile à reconnaître. Ses tiges cannelées sont divisées par articles qui s'emboîtent régulièrement ; les rameaux sont nombreux, mais on n'y voit point de feuilles, ils se terminent, à la saison, par un épi jaune et ventru formé de capsules ombiliquées.

On en compte plusieurs variétés qui sont toutes également difficiles à détruire. Leurs racines longues et traçantes pénètrent profondément dans le sol et s'y enlacent de mille manières. Les chevaux et les bêtes à laine peuvent, dit-on, faire impunément usage de la prêle verte ; mais il serait dangereux, pour la qualité et le bel aspect du beurre, de laisser les vaches laitières s'en approcher. Les bêtes à corne n'ont d'ailleurs aucune tendance à en faire usage. A l'état sec, cette plante est un mauvais fourrage qui n'a aucun goût et rebute le bétail. Il est donc important de la détruire dans les prairies humides où elle est commune. On y parvient rarement avec la pioche. Les cendres ont plus de succès quand on les répand abondamment dans les lieux infestés. La luzerne et le trèfle ont également la réputation de tuer cet inutile parasite en l'étouffant sous leur vigoureuse végétation.

FOUGÈRES. — Quoique estimées à titre de litières, les fougères de haute taille, *pteris aquilina*, *nephrodium filix mas*, ne doivent point être tolérées dans les champs et les prairies où elles occupent un grand espace et ne donnent presque aucun profit. Chacun sait combien elles sont communes dans les terrains granitiques, les lieux ombragés et les prés humides. Leur port gracieux, la forme de leurs tiges en éventail sans fructification apparente, la belle couleur verte qu'elles conservent pendant une grande partie de l'année, et leur taille élevée ne peuvent les laisser confondre avec aucune autre espèce. Ce sont, dit-on, les plus anciens végétaux du globe. On les rencontre dans toutes les contrées.

Les animaux ne mangent point la fougère avec plaisir quand elle est sur pied. M. Lecoq a remarqué qu'elle leur est moins désagréable lorsqu'elle est à moitié fanée, à cause de l'odeur qui s'en exhale. Les chevaux et les bœufs peuvent alors la manger mêlée avec la paille. Quand elle est complétement sèche, elle n'est plus bonne qu'à faire du fumier, car tous les bestiaux la rebutent.

Il paraît que dans certaines contrées les hommes sont moins difficiles. « Nous trouvâmes, dit De Buch dans sa *Description des îles Canaries*, des paysans occupés à chercher et à recueillir la racine de la *pteris aquilina* qui couvre presque toute la surface du sol. Avec cette racine mêlée d'un peu de farine grossière ils préparent un pain très-noir, grenu, d'un aspect métallique, qu'ils mangent toute l'année. »

Rien n'est plus difficile que de débarrasser un terrain des fougères qui y ont élu domicile. C'est en vain qu'on essaierait, comme l'ont conseillé quelques personnes, de faire fouiller le terrain par les cochons qui sont avides de sa racine. Il faut recourir à des moyens beaucoup plus énergiques ; car le moindre débris de racine suffit pour une nouvelle multiplication. Les cendres riches en potasse ont plus d'action, car elles favorisent le développement d'autres végétaux qui étouffent les fougères. La chaux donne le même résultat avec le temps. Mais le meilleur de tous les procédés est l'extirpation à la charrue et la culture des grandes céréales ou des puissantes espèces fouragères. Il n'existe pas de fougères dans les terrains bien cultivés.

LAÎCHE. — Les laîches (*carex*), qui comptent un très-grand nombre d'espèces, appartiennent à la famille des cypéracées, voisine des graminées. Ce sont des herbes de haute taille, à chaume anguleux, à feuilles engaînantes presque toujours aiguisées de manière à couper la main qui les touche. Leurs fleurs monoïques forment de petits épis ou des châtons ; la graine est fort petite.

Il en est quelques espèces qu'on peut tolérer sans danger dans les prairies, comme la *laîche dioïque*, la *laîche en gazon*, la *laîche précoce*, et la *laîche panicée*, que les chevaux refusent, mais que les bœufs et les moutons mangent avec plaisir. Elles sont utiles à cause de leurs longues racines qui, dans les terrains inclinés, arrêtent les éboulements.

Mais la *laîche bourrue*, la *laîche des sables*, et en un mot toutes celles dont la feuille dure peut ulcérer la langue des bestiaux, ne présentent qu'un fourrage grossier, acide à l'état vert, sans goût à l'état sec, et doivent être impitoyablement poursuivies par l'agriculteur jaloux de la qualité de ses prairies.

JONCS. — Les joncs proprement dits (*juncus*), que tous les paysans connaissent, abondent dans la plupart des prairies, surtout dans celles qui sont humides et marécageuses. Les espèces françaises forment un ensemble d'environ vingt-cinq variétés, dont la plupart ont une fâcheuse tendance à se multiplier très-rapidement. « Leurs feuilles et leurs tiges, dit M. Lecoq [1], sont remplies d'une moelle presque inodore et insipide, très-légère, gonflée d'air, à peine nourrissante. L'étui qui enveloppe cette moelle est dur, difficile à déchirer et ordinairement terminé en pointe aiguë. Cette structure rend les joncs peu propres à la nourriture des troupeaux.

[1] *Traité des plantes fourragères.*

Quelques espèces, le *jonc bulbeux*, le *jonc de Bothnie*, le *jonc de crapaud*, sont mangés par les vaches et les moutons faute de mieux; mais la plupart d'entre elles, telles que le *jonc aigu*, le *jonc aggloméré*, le *jouc rude*, le *jonc filiforme*, sont unanimement dédaignés même à l'état vert et à l'état sec; leur présence dans le foin est un indice tellement certain d'une mauvaise essence de prairie, qu'on n'en trouve le débit qu'avec la plus grande difficulté.

Il est souvent très-difficile de détruire les joncs, principalement dans les mouillères. Pour y parvenir il faut avoir recours soit au drainage, soit à de profondes saignées qui empêchent l'eau de se maintenir en permanence sur la même surface. Les engrais salins, et notamment les cendres riches en potasse, ou mieux encore la sulfate de fer, leur sont extrêmement nuisibles quand on les répand sans économie au printemps dans les lieux où ils ont coutume de se montrer. Enfin il est bon de planter autour des peupliers, qui absorbent à leur profit l'humidité du terrain, et dont les racines creusent à l'eau des conduits naturels d'écoulement.

CHIENDENT. — Le chiendent (*triticum repens*), plante de la famille des graminées, dont la médecine populaire fait un grand cas, est, malgré ses vertus médicinales, une des plantes les plus exécrées par les cultivateurs. Elle est de tous les pays et pour ainsi dire de tous les terrains. Elle pullule avec une rapidité inouïe.

On la reconnaît à son chaume cylindrique, fistuleux, articulé; à ses feuilles allongées, aiguës, un peu velues en dessus, glabres en dessous; à ses fleurs verdâtres, disposées en épi allongé et comprimé; et surtout à sa racine longue, blanchâtre, articulée, vivace et dure sous la dent.

Ses feuilles au besoin pourraient servir d'aliment vert aux animaux qui les mangent sans répugnance, et peut-être trouverait-on profit à en couvrir les sables arides. Mais dans les champs en bon rapport, ses racines, qui courent sous terre, s'entrelacent, s'enchevêtrent, mangent les engrais, salissent les cultures, gênent les charrues, font damner les laboureurs tant que les attelées durent. Ils n'en ont pas fini avec le chiendent d'un côté que c'est à recommencer de l'autre ; car il s'empare si vite et si complétement du sol, qu'il en devient pour ainsi dire le propriétaire, et qu'à le déloger on dépense souvent la valeur de plus d'une récolte.

Le meilleur moyen d'en débarrasser une terre est de labourer en temps sec pour déraciner la plante et l'amener près de la surface. Un coup de herse vient ensuite amonceler les racines en tas, et on les détruit soit en les brûlant, soit en les transportant à la ferme, où elles deviennent un régal pour les porcs et même pour les vaches, après avoir été lavées. Mais une seule extirpation ne suffit pas. Il faut revenir souvent à la charge, et ce n'est souvent qu'après plusieurs années de persévérance qu'on finit par triompher de son ennemi.

RUMEX. — Cette tribu nombreuse, qui renferme

les *patiences* et les *oseilles*, est très-abondamment représentée dans certaines prairies, où elle dénote un terrain gras, frais et fertile. Les chevaux en mangent quelquefois les feuilles; mais les autres bestiaux laissent la plante parfaitement intacte; et le foin qui la contient, dur, difficile à sécher, aigre au goût, est d'un écoulement pénible dans le commerce.

Les principales espèces sont la *parelle sauvage*, la *patience aquatique*, la *rhubarbe des moines*, la *surelle*, l'*oseille de Pâques*, l'*oseille ronde*, et le *rumex à feuilles d'arum*. Elles ont toutes de larges feuilles coriaces, une tige droite, élevée, et des fleurs en grappes terminales auxquelles succèdent d'abondantes akènes triangulaires.

On ne parvient à se débarrasser des rumex qu'en les coupant un à un entre deux terres, avant la maturité de leurs graines.

PLANTAIN. — Il existe plusieurs espèces de plantain (*plantago*), dont la parenté se reconnaît à leurs feuilles épaisses, garnies de plusieurs longues nervures linéaires, à leur épi floral en tête de loup monté sur une longue hampe fort grêle, à leur fleur à peine colorée, fort petite, protégée par un calice persistant à quatre divisions, et la graine noirâtre qui leur succède dont les oiseaux sont si friands.

Parmi ces nombreuses variétés, il en est quelques-unes, comme le *plantain maritime*, le *plantain corne de cerf*, le *plantain œil de chien*, que les bestiaux mangent assez volontiers, au moins au vert ; mais le *grand plantain*, le *plantain blanc*, le *plantain lancéolé*, la *langue d'agneau* ne sont recherchés que par les moutons dont ils ont la propriété d'améliorer la chair, et laissent les autres animaux indifférents. Aucun ne donne un bon fourrage. Il est fort difficile de les sécher, et quand on y parvient, ils se brisent sur le pré et manquent de goût.

Toutes ces plantes occupent dans les prairies une place qui serait beaucoup plus utilement tenue par d'autres. Il est donc important de les détruire, ou du moins de s'opposer à leur multiplication. On y parvient en les coupant à la faulx avant que les épis aient fructifié.

RHINANTE. — La *tartarelle*, que les savants nomment *rhinanthus*, plante de la famille des scrofulariées, doit être mise, suivant M. Lecoq, au nombre de celles qui sont le plus nuisibles dans les prés.

Elle est reconnaissable à une tige quadrangulaire assez haute, à ses feuilles glabres, lancéolées, sessiles, opposées et profondément dentées. Ses fleurs sont jaunes, en épi terminal. Son calice est ventru. Elle abonde dans un grand nombre de prairies. Pendant qu'elle est verte, les bestiaux la mangent sans trop de répugnance; mais à l'époque de la fenaison elle donne un foin sec et dur que tous repoussent unanimement.

Les cultivateurs doivent poursuivre le rhinante avec d'autant plus d'énergie que ses racines s'implantent sur celles des graminées fourragères et des céréales qu'il envahit, et se développent à leurs dépens. Partout où il abonde, l'herbe est courte, rare et maigre. S'en débarrasser n'est pas facile, car ses graines se conservent longtemps en terre. Cependant on y parvient en fauchant les tiges pendant plusieurs années avant la floraison.

CUSCUTE (*cuscuta*). C'est sous le nom de *rougeot*, *teigne*, *rogne*, *cheveux du diable*, que les paysans désignent cette plante. Elle est de la pire espèce, parce qu'elle est parasite et se développe sur les racines des céréales et des autres végétaux utiles en s'appropriant, au moyen de suçoirs, la sève nécessaire à leur propre existence. On la voit d'abord apparaître par petites touffes entrelacées ; mais si l'on n'y prend garde, elle pullule avec une rapidité effrayante, gagne de très-grandes surfaces, et finit par éteindre toute autre végétation autour d'elle.

Les botanistes en distinguent plusieurs espèces qu'il nous importe peu de distinguer. Elles ont pour caractère commun de se présenter sous l'aspect de fils blancs ou rouges étroitement entrelacés, sans feuilles. Ses fleurs sont rougeâtres et disposées de loin en loin en faisceaux arrondis.

Les agriculteurs se sont depuis longtemps préoccupés de la manière de prévenir ce fléau et de s'en délivrer. Quelques-uns vantent, avec raison, l'arosage avec la solution de sulfate de fer. D'autres veulent qu'on couvre de paille les endroits où abonde la cuscute et qu'on y mette le feu.

CHARDONS et CIRCES (*carduus* et *cirsium*). — « Ces deux plantes, de la famille des synanthérées, sont confondues, dit M. Joigneaux [1], sous le nom de chardons par les cultivateurs de tous les pays. » Elles ont tant de points de ressemblance que cette confusion s'explique aisément. Les chardons font le chagrin du cultivateur ; leurs feuilles très-piquantes rendent le javelage et la mise en gerbes fort pénibles. On ne se soucie point non plus de botteler du fourrage infesté de chardons, et les animaux n'aiment pas davantage les consommer. Nous avons vu des

[1] *Le Livre de la ferme.*

pâturages littéralement interdits au bétail par les chardons nains.

« Dans les cultures négligées les chardons se propagent avec une effrayante rapidité, et lorsqu'ils ont pris pied dans un terrain, il n'est pas facile de s'en débarrasser. On doit les attaquer par différents moyens. Tantôt on les arrache à l'aide de tenailles en bois, tantôt on les coupe entre deux terres avec un couteau à long manche. Les chardons bien arrachés ne repoussent pas. Ceux qu'on coupe en avril donnent des rejets. Ce n'est qu'en mai, lorsque le blé est en tuyaux, qu'on peut réussir à détruire les chardons en les coupant. Du reste, ces plantes ne résistent pas longtemps aux labourages profonds et aux cultures sarclées. »

Les chardons obtenus du sarclage ne doivent pas être négligés. Après les avoir cuits on les donne aux porcs et aux vaches qui en sont très-avides. Les ânes les mangent très-bien crus. En général, les chardons, n'était le dégât qu'ils causent, donneraient en vert une bonne nourriture au bétail ; et quelques expérimentateurs ont raison d'en faire des cultures spéciales à cet effet.

CHRYSANTHÈME. — La *marguerite dorée* (*chrysanthemum segetum*), et la *grande marguerite des prés* (*chrysanthemum leucanthemum*), que tout le monde connaît pour les avoir vues tantôt au milieu des champs de blé, tantôt dans la verdure des prairies, avec leurs fleurons jaunes ou blancs, leur tige élancée, leur feuillage déchiqueté, sont également redoutables à l'agriculture quand leur fécondité prend de trop grandes proportions. Les champs du nord de la France en sont fréquemment infestés, et c'est en vain qu'on cherche à la détruire si on ne la poursuit pas avec la plus persévérante obstination. Une fois dans un champ qui lui convient, elle l'envahit si bien, s'en empare si lestement, qu'il n'y a bientôt place que pour elle. Elle s'approprie les engrais et étouffe sans miséricorde la céréale qui faisait l'espoir du semeur. Dans les prés, ses effets sont moins funestes; mais elle a les mêmes goûts d'envahissement. Si on la laissait faire, on verrait bientôt les herbages présenter au printemps l'aspect d'un champ couvert de neige. Tous les bestiaux la mangent à l'état frais, et les chevaux s'en régalent; mais elle donne un mauvais foin, sec, dur et peu abondant. Quand elle apparaît dans les prairies artificielles, elle annonce la fin de leur production.

On ne peut la détruire dans les champs que par l'arrachage, et dans les prés, que par des fauchages répétés.

GUI. — Tout le monde, dans les campagnes, sait distinguer le gui (*viscum album*), qui s'implante sur les pommiers, les peupliers et d'autres arbres, et vit aux dépens de leur sève au moyen de ses suçoirs. Le feuillage étrange et le fruit blanc, visqueux, de ce petit parasite le font aisément reconnaître. Quelques personnes ont songé à l'utiliser comme fourrage en le donnant cru ou cuit aux vaches et aux cochons qui le mangent avec plaisir ; mais il est de beaucoup préférable de le détruire sans ménagement, car il épuise les arbres sur lesquels il vit.

BERCE. — On nomme encore cette plante *angélique des prés* (*heraclium sphondylicum*). Elle appartient à la famille des ombellifères, et présente cette singulière propriété de pouvoir donner, si on la cultive seule, un excellent et très-précoce fourrage vert, tandis qu'elle déprécie considérablement le foin sec auquel on la trouve mêlée.

C'est un végétal de belle taille, très-répandu, trop répandu dans les prairies grasses, où il est facile de le distinguer à ses grandes feuilles rudes au toucher, mais velues en dessous, labiées et crénelées ; à ses fleurs en grandes ombelles blanchâtres. Dans sa jeunesse elle est recherchée par tous les bestiaux, et les lapins en sont très-friands ; mais elle devient quelquefois si commune dans les prairies qu'elle étouffe les autres herbes. Comme elle pousse très-vite, elle a en outre l'inconvénient d'être déjà sèche et dure quand on fauche les prairies, et le foin qu'elle donne n'a aucune valeur. Dans les lieux nouvellement fauchés, c'est la première plante dont on aperçoit les feuilles.

Il n'y a guère d'autre moyen de s'en débarrasser que de la couper entre deux terres. On recommande de ne pas faire cette opération par la rosée, car elle peut déterminer sur les mains et les bras des érosions douloureuses.

BUGRANE. — On ne rencontre guère la bugrane ou *arrête-bœuf* (*ononis spinosa*) que dans les prairies médiocres. C'est une plante légumineuse, vivace, à tiges couchées, étalées et rameuses, de 30 à 60 centimètres de long, pubescente et légèrement visqueuse, dont les feuilles trifoliées et les fleurs roses axillaires, disposées en grappes, sont faciles à reconnaître. Ses longues racines et les épines qui garnissent ses tiges la rendent également désagréable au laboureur, qui a beaucoup de peine à l'extirper de ses guérets, et aux animaux dont elle déchire la langue. C'est, du reste, parmi les légumineuses, une de celles qui donnent le fourrage le moins estimé. Les chevaux n'en veulent point.

On la détruit en l'arrachant; mais il faut la poursuivre avec persévérance et souvent pendant plusieurs années.

MERCURIALE. — Comme presque toutes les plantes de la famille des euphorbiacées dont elle fait partie, la mercuriale est nuisible aux troupeaux. Les chèvres seules consentent à la manger en vert. Les moutons en sont particulièrement incommodés.

Cette plante, de petite taille, anguleuse, rameuse, à feuilles ovales, glabres et molles, et à fleurs verdâtres, dioïques, très-abondantes, croît particulièrement dans les jardins, les chaumes et les décombres. On doit éviter de la laisser multiplier. Toutefois nous devons dire que sa précocité fait qu'elle nuit peu au foin, car elle est flétrie à l'époque de la fauchaison. Les médecins l'utilisent dans la pharmacopée des campagnes comme purgatif diurétique.

NIELLE DES BLÉS. — Cette plante, du genre lychnis (*lychnis gitago*), n'est pas commune dans les prés ; mais elle fait le désespoir des cultivateurs de certaines contrées par la grande abondance de graines noires et amères qu'elle mêle aux céréales au milieu desquelles elle aime à croître.

La tige de la nielle est élevée, dure, avec des feuilles allongées, une fleur rouge ou violette, grande comme un liseron, et un calice à cinq lanières dépassant les pétales. Elle pullule dans les terrains maigres. La farine de nielle, quand on ne la sépare pas avec beaucoup de soin du blé par la ventilation, donne au pain un goût amer et une couleur plombée qui le déprécient beaucoup. Il n'est point certain que sa présence n'ait pas d'inconvénient pour la santé.

CONCLUSION

Ici se terminèrent pour moi les leçons de Mme Durand. L'automne venait à grands pas, et mon père avait décidé que je partirais cette année-là pour le lycée. D'autres études devaient occuper mon intelligence pendant de longues années avant qu'il me pût être donné de revenir aux enseignements de mon enfance.

Mais le temps n'a point altéré dans mon cœur le souvenir de mon premier professeur. Et depuis que l'âge a mûri ma pensée, l'image lointaine et vénérable de Mme Durand se présente souvent à mon esprit avec un souvenir vif de ces joies profondes que nous goûtions autour d'elle en écoutant ses leçons. Où je ne voyais à douze ans qu'un appas pour ma curiosité, j'ai appris à connaître un but éminemment charitable, une leçon des plus utiles cachée sous l'appas du plaisir, comme il convient de s'y prendre pour rendre l'étude chère à l'enfance.

Aujourd'hui, en cherchant à me rappeler nos conversations et les enseignements que nous recevions d'elle, je n'ai point d'autre but que de continuer l'œuvre de cette excellente femme. Si je suis assez heureux pour mériter l'attention des jeunes lecteurs auxquels je m'adresse, et leur inspirer avec la compassion pour les malades le désir d'apprendre à soulager et à instruire le pauvre peuple, je croirai n'avoir point inutilement employé mes peines à écrire; car il en résultera

.certainement un peu de bien sur la terre, et dans le ciel, où elle repose, l'âme de ma bienfaitrice tressaillira d'allégresse.

FIN

TABLE

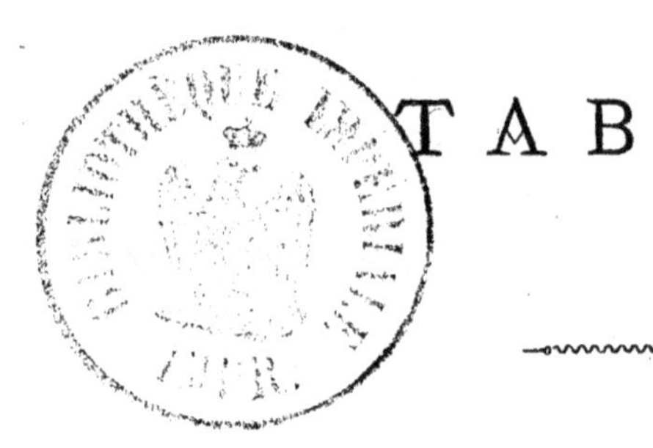

1

HUITIÈME ENTRETIEN

— LILLE. TYP. L. LEFORT. MDCCCLXV. —